高等职业教育土木建筑类专业新形态教材

山东省教育科学"十三五"规划2016-2017年度专项课题成果
（课题批准号：BCD2017022）

平法识图与钢筋算量

主　编　张　帅　赵春红　赵庆辉
副主编　姚玲云　郭　福　张启发
参　编　郭红侠　王　君　李红霞
　　　　王　磊

北京理工大学出版社
BEIJING INSTITUTE OF TECHNOLOGY PRESS

内 容 提 要

本书依据16G101和12G901平法制图系列图集及相关标准规范进行编写。全书除绪论外，共分为6个单元，主要内容包括梁平法识图与钢筋计算、柱平法识图与钢筋计算、剪力墙平法识图与钢筋计算、板平法识图与钢筋计算、板式楼梯平法识图与钢筋计算、基础平法识图与钢筋计算等。

本书可作为高职高专院校土建类相关专业的教材，也可以作为从事建筑行业工作的相关技术人员的参考用书。

版权专有　侵权必究

图书在版编目（CIP）数据

平法识图与钢筋算量／张帅，赵春红，赵庆辉主编.—北京：北京理工大学出版社，2018.9（2021.7重印）
　ISBN 978-7-5682-4270-7

　Ⅰ.①平… Ⅱ.①张… ②赵… ③赵… Ⅲ.①钢筋混凝土结构－建筑构图－识图－高等学校－教材 ②钢筋混凝土结构－结构计算－高等学校－教材　Ⅳ.①TU375

中国版本图书馆CIP数据核字（2018）第225045号

出版发行／北京理工大学出版社有限责任公司
社　　址／北京市海淀区中关村南大街5号
邮　　编／100081
电　　话／（010）68914775（总编室）
　　　　　（010）82562903（教材售后服务热线）
　　　　　（010）68944723（其他图书服务热线）
网　　址／http://www.bitpress.com.cn
经　　销／全国各地新华书店
印　　刷／河北鑫彩博图印刷有限公司
开　　本／787毫米×1092毫米　1/16
印　　张／12　　　　　　　　　　　　　　　　　责任编辑／江　立
字　　数／289千字　　　　　　　　　　　　　　文案编辑／江　立
版　　次／2018年9月第1版　2021年7月第5次印刷　　责任校对／周瑞红
定　　价／40.00元　　　　　　　　　　　　　　　责任印制／边心超

图书出现印装质量问题，请拨打售后服务热线，本社负责调换

FOREWORD 前言

　　近二十年来，建筑行业的快速发展态势有力地促进了建筑类专业人才的发展，特别是新平法、新图集、新规范的颁布实施，呼唤高职高专院校培养出更加优秀的建筑技能型人才。本书是根据高职高专院校人才培养目标，以及建筑企业对卓越技能型人才的需求，依据16G101和12G901平法制图系列图集及相关标准规范要求编写而成，通过先进的互联网教学平台、生动形象的仿真图解、真实先进的技能微课等方式，形成"以案例图纸为载体，以最新图集为基础，以共享资源为辅助"的"三位一体"课程体系。根据工程造价专业人才培养目标对本课程的教学要求，并结合当前工程造价领域发展的最新动态，充分利用信息化技术，编写了《平法识图与钢筋算量》一书，旨在通过信息化技术形成课程教学资源共享，辅助教师教学，满足新形势下对建筑类专业人才培养的迫切需要。

　　本书数字化资源分为三类：

　　（1）A类，新知导入。采用典型案例的成败分析导入本单元的学习情境。有助于提高学生学习的兴趣。

　　（2）B类，微型课堂。把内容碎片化，把知识点颗粒化，本教材针对主要的知识点，配以讲解视频，形成颗粒化微型课堂。满足学生自由学习的要求。

　　（3）C类，技能应用。借鉴大量建筑类技能大赛案例及翔实的企业典型案例，具有应用性和实践性的视频讲解，提高学生的职业能力素质。

　　与本书配套的数字课程将在山东省精品资源共享课教学平台上线，学习者可以登录网站进行在线学习；也可以通过山东城市建设职业学院网页首页进入超星泛雅学习平台进行在线学习。与本书配套使用的图纸，读者可通过扫描右侧的二维码进行下载获取。

附图

　　本书由山东城市建设职业学院张帅、赵春红和赵庆辉担任主编，德州职业技术学院姚玲云、山东协和学院郭福、龙达恒信工程咨询有限公司张启发担任副主编；山东城市建设职业学院郭红侠、王君，鄄城职业中专李红霞，龙达恒信工程咨询有限公司王磊参与了本书的编写工作。具体编写分工为：单元1、单元2由张帅、张启发编写，单元3

前言 FOREWORD

由赵春红、姚凌云编写，单元 4 由赵庆辉、郭福编写，单元 5 由郭红侠、李红霞编写，单元 6 由王君、王磊编写。全书由张帅、赵春红、赵庆辉统稿和定稿。数字化资源由山东融建优格建筑科技有限公司提供。本书编写过程中参考和引用了国内外大量文献资料，在此谨向文献作者表示诚挚的谢意！

由于编写时间仓促，书中难免有错误和疏漏之处，敬请读者指正。

编 者

CONTENTS 目录

绪论 …………………………………… 1
  0.1 建筑平法概述 ………………… 1
    0.1.1 平法的概念及其形成 ……… 1
    0.1.2 平法图集的适用范围 ……… 3
  0.2 钢筋计算原理 ………………… 4
    0.2.1 钢筋的计算原理 …………… 4
    0.2.2 抗震等级的确定 …………… 4
    0.2.3 保护层最小厚度 …………… 6
    0.2.4 钢筋的锚固长度 …………… 7
    0.2.5 钢筋的搭接长度 …………… 9
    0.2.6 钢筋的连接方式 ………… 13
    0.2.7 钢筋的理论质量 ………… 13
  0.3 三种参数计算 ……………… 14
    0.3.1 钢筋的锚固长度 ………… 14
    0.3.2 钢筋保护层厚度 ………… 14
    0.3.3 钢筋的搭接长度 ………… 15

单元1   梁平法识图与钢筋计算 …… 16
  1.1 梁构件的分类 ……………… 16
  1.2 梁钢筋的分类 ……………… 19
  1.3 梁的平法识图 ……………… 20
    1.3.1 梁构件的集中标注 ……… 20
    1.3.2 梁构件的原位标注 ……… 28

    1.3.3 梁的截面注写方式 ……… 29
    1.3.4 梁标注与钢筋抽样 ……… 30
  1.4 梁的钢筋计算（造价咨询方向）… 31
    1.4.1 梁构件通长筋的计算 …… 31
    1.4.2 梁支座负筋的计算 ……… 34
    1.4.3 梁构件架立筋的计算 …… 36
    1.4.4 梁侧面钢筋的计算 ……… 37
    1.4.5 梁构件吊筋的计算 ……… 38
    1.4.6 梁构件箍筋的计算 ……… 40
    1.4.7 梁钢筋工程量汇总 ……… 41
  1.5 梁的钢筋计算（施工下料方向）… 43
    1.5.1 钢筋翻样基础知识 ……… 43
    1.5.2 钢筋翻样实操案例 ……… 45

单元2   柱平法识图与钢筋计算 …… 49
  2.1 柱构件的分类 ……………… 49
  2.2 柱钢筋的分类 ……………… 51
    2.2.1 按纵向分类 ……………… 51
    2.2.2 按断面分类 ……………… 52
  2.3 柱的平法识图 ……………… 52
    2.3.1 柱构件的截面注写 ……… 52
    2.3.2 柱构件的列表注写 ……… 55
  2.4 柱的钢筋计算（造价咨询方向） 57

CONTENTS

  2.4.1 柱基础插筋的计算 ……………… 57

  2.4.2 柱首层纵筋的计算 ……………… 61

  2.4.3 柱中间层纵筋的计算 …………… 62

  2.4.4 柱顶层纵筋的计算 ……………… 63

  2.4.5 柱构件箍筋的计算 ……………… 68

  2.4.6 柱钢筋工程量汇总 ……………… 72

 2.5 柱的钢筋计算（施工下料方向）… 73

  2.5.1 钢筋翻样基础知识 ……………… 73

  2.5.2 钢筋翻样实操案例 ……………… 74

单元3 剪力墙平法识图与钢筋计算 … 79

 3.1 剪力墙构件的内容 ………………… 79

  3.1.1 剪力墙的分类 …………………… 79

  3.1.2 剪力墙包含的构件 ……………… 79

 3.2 剪力墙钢筋的分类 ………………… 85

 3.3 剪力墙的平法识图 ………………… 86

  3.3.1 剪力墙构件的截面注写 ………… 86

  3.3.2 剪力墙构件的列表注写 ………… 88

  3.3.3 地下室剪力墙注写方式 ………… 89

  3.3.4 剪力墙钢筋的连接方式 ………… 91

 3.4 剪力墙的钢筋计算（造价咨询

    方向） …………………………… 98

  3.4.1 剪力墙水平钢筋的计算 ………… 98

  3.4.2 剪力墙竖向钢筋的计算 ……… 103

  3.4.3 变截面剪力墙钢筋的计算 …… 106

  3.4.4 剪力墙墙梁钢筋的计算 ……… 109

  3.4.5 剪力墙钢筋工程量汇总 ……… 112

 3.5 剪力墙的钢筋计算（施工下料

    方向） …………………………… 114

  3.5.1 钢筋翻样基础知识 …………… 114

  3.5.2 钢筋翻样实操案例 …………… 122

单元4 板平法识图与钢筋计算 …… 125

 4.1 板构件的分类 …………………… 125

  4.1.1 按施工方法不同划分 ………… 125

  4.1.2 按板的力学特性分类 ………… 128

 4.2 板钢筋的分类 …………………… 129

  4.2.1 有梁板的平法识图 …………… 131

  4.2.2 无梁板的平法识图 …………… 133

 4.3 板的钢筋计算（造价咨询

    方向） …………………………… 136

  4.3.1 板底通长筋的计算 …………… 136

  4.3.2 板负筋通长筋的计算 ………… 139

  4.3.3 板支座负筋的计算 …………… 141

  4.3.4 板分布筋与温度筋 …………… 143

  4.3.5 板钢筋工程量汇总 …………… 146

CONTENTS

4.4 板的钢筋计算（施工下料方向）……………… 147

    4.4.1 钢筋翻样基础知识 …………… 147

    4.4.2 钢筋翻样实操案例 …………… 149

单元5 板式楼梯平法识图与钢筋计算 …………… 153

5.1 楼梯构件的分类 ……………… 153

5.2 楼梯的平法识图 ……………… 158

5.3 楼梯的钢筋分类 ……………… 159

5.4 楼梯的钢筋计算（造价咨询方向）……………… 161

5.5 楼梯的钢筋计算（施工下料方向）……………… 163

单元6 基础平法识图与钢筋计算 … 166

6.1 基础构件的分类 ……………… 166

6.2 基础的平法识图 ……………… 168

    6.2.1 独立基础的平法识图 ………… 168

    6.2.2 条形基础的平法识图 ………… 170

    6.2.3 梁板式筏形基础的平法识图 ……………… 171

6.3 基础的钢筋分类 ……………… 173

6.4 基础的钢筋计算（造价咨询方向）……………… 178

6.5 基础的钢筋计算（施工下料方向）……………… 180

参考文献 ……………………………… 183

绪 论

> **学习情境描述**
>
> 通过本单元的学习，了解平法标注的概念；掌握钢筋锚固长度的查表计算方法、混凝土保护层最小厚度的确定方法、钢筋搭接长度的查表计算方法；了解钢筋的连接方式、抗震等级与设防烈度等内容。

> **教学要求**
>
> | 能力目标 | 知识要点 | 相关知识 | 权重 |
> | --- | --- | --- | --- |
> | 掌握混凝土保护层厚度的确定方法 | 准确确定基础、柱、梁、墙、板等构件的最小保护层厚度 | 环境类别、构件类型、混凝土结构使用年限强度等级 | 0.4 |
> | 掌握钢筋锚固长度和搭接长度的查表计算方法 | 基本锚固长度确定；受拉钢筋锚固长度、抗震锚固长度的计算；纵向受拉钢筋绑扎搭接长度的计算 | 钢筋种类、抗震等级、锚固长度修正系数、纵向钢筋搭接接头面积百分率 | 0.6 |

0.1 建筑平法概述

★0.1.1 平法的概念及其形成★

1. 平法的概念

平法是混凝土结构施工图平面整体设计方法的简称。

平法就是将结构构件的尺寸和配筋等按照平面整体表示方法制图规则，整体直接表达在各类构件的结构平面布置图上，再与标准构造详图相配合，即构成一套新型完整的结构设计。

如图 0-1（a）所示，对于②轴线上的 KL1 来说，在结构施工图中只需在平面图上按照集中标注和原位标注的方法表达该梁的相关配筋信息，至于该梁在立面图中纵筋、箍筋的布置，必须参照平法标准图集的标准构造详图才能准确计算出，如图 0-1（b）、（c）所示。

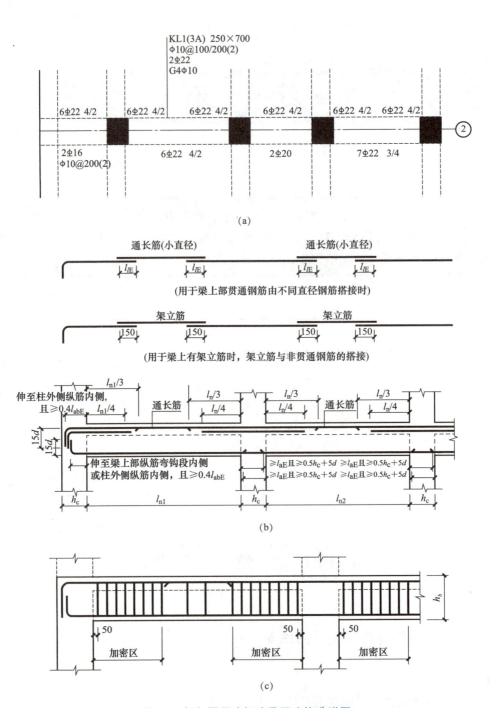

图 0-1 框架梁平法标注及平法构造详图

(a)某框架梁平法标准示意图;(b)框架梁立面标准构造详图;(c)框架梁箍筋加密区标准构造详图

注：当抗震等级为一级时，加密区长度$\geq 2h_b$且≥ 500；

当抗震等级为二～四级时，加密区长度$\geq 1.5h_b$且≥ 500(h_b为梁截面高度)。

平法系列图集包括四册，如图 0-2 所示，分别为：《混凝土结构施工图平面整体表示方法制图规则和构造详图(现浇混凝土框架、剪力墙、梁、板)》(16G101－1)、《混凝土结构施工图平面整体表示方法制图规则和构造详图(现浇混凝土板式楼梯)》(16G101－2)、《混凝土结构施工图平面整体表示方法制图规则和构造详图(独立基础、条形基础、筏形基础、桩基础)》(16G101－3)和《混凝土结构施工钢筋排布规则与构造详图(现浇混凝土框架、剪力墙、梁、板)》(18G901－1)。

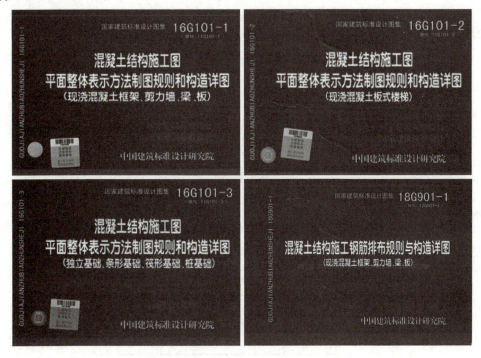

图 0-2　平法系列图集

2. 平法的形成

1995 年 7 月，平法通过了原建设部科技成果鉴定。
1996 年 11 月，《96G101》发行。
2003 年 1 月，《03G101－1》修订完成。
2003 年 7 月，《03G101－2》发行。
2004 年 2 月，《03G101－3》发行。
2006 年 9 月，《04G101－1》《04G101－2》《04G101－3》修订完成。
2011 年 9 月，《11G101－1》《11G101－2》《11G101－3》发行。
2016 年 9 月，《16G101－1》《16G101－2》《16G101－3》发行。
从 2006 年开始，原则上每隔 5 年平法图集修订一次。

★0.1.2　平法图集的适用范围★

(1)16G101－1：包括基础顶面以上的现浇混凝土柱、剪力墙、梁、板(包括有梁楼盖和无梁楼盖)等构件的平法制图规则和标准构造详图两大部分内容。其适用于抗震设防烈度为 6～9 度地区的现浇混凝土框架、剪力墙、框架-剪力墙和部分框支剪力墙等主体结构施工图的设计，以及各类结构中的现浇混凝土板(包括有梁楼盖和无梁楼盖)、地下室结构部分现浇混凝土墙体、柱、梁、板结构施工图的设计。

(2)16G101—2：包括现浇混凝土板式楼梯制图规则和标准构造详图两大部分内容。其适用于非抗震和抗震设防烈度为6~9度地区的现浇钢筋混凝土板式楼梯。

(3)16G101—3：包括常用的现浇混凝土独立基础、条形基础、筏形基础（分为梁板式和平板式）及桩基承台的平法制图规则和标准构造详图两部分内容。其适用于各种结构类型的现浇混凝土独立基础、条形基础、筏形基础及桩基承台施工图设计。

(4)12G101—1：应与16G101—1配合使用，该图集为现浇混凝土框架、剪力墙、梁、板构件的钢筋排布图的平面注写方法。

0.2 钢筋计算原理

★0.2.1 钢筋的计算原理★

钢筋的计算过程是从结构平面图的钢筋标注出发，根据结构的特点和钢筋所在的部位，计算钢筋的长度和根数，最后得到钢筋的质量（以吨为单位），如图0-3所示。

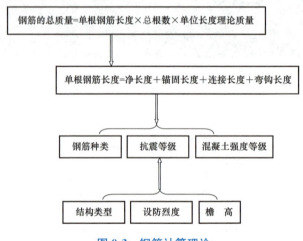

图0-3 钢筋计算理论

钢筋的长度可分为预算长度和下料长度。预算长度主要应用到工程造价领域内；下料长度主要应用于施工领域内，但在2013年后，在施工中的钢筋下料长度的计算也要参照平法的计算规则来进行计算。

根据本专业的特点，钢筋长度的计算主要针对预算长度。预算长度的计算重点是计算出同级别、同型号钢筋的单根长度以及根数。

★0.2.2 抗震等级的确定★

由图0-3可知，影响混凝土结构抗震等级的因素主要有结构类型、设防烈度和檐高。抗震等级与它们之间的相互关系见表0-1。

表 0-1　抗震等级与结构类型、设防烈度和檐高之间的关系

结构体系与类型			设防烈度							
			6		7			8		9
框架结构	高度/m		≤24	>24	≤24		>24	≤24	>24	≤24
	普通框架		四	三	三		二	二	一	一
	大跨度框架		三		二			一		一
框架-剪力墙结构	高度/m		≤60	>60	≤24	25~60	>60	≤24	25~60	>60	≤24	25~50
	框架		四	三	四	三	二	三	二	一	二	一
	剪力墙		三	三	三	二	二	二	一	一	一
剪力墙结构	高度/m		≤80	>80	≤24	25~80	>80	≤24	25~80	>80	≤24	25~60
	剪力墙		四	三	四	三	二	三	二	二	二	一
部分框支剪力墙结构	高度/m		≤80	>80	≤24	25~80	>80	≤24	25~80	不应采用	不应采用
	剪力墙	一般高度	四	三	四	三	二	三	二		
		加强部位	三	二	三	二	二	二	一		
	框支层框架		二		二		一		一		
筒体结构	框架-核心筒结构	框架	三		二			一		一
		核心筒	二		二			一		一
	筒中筒结构	内筒	三		二			一		一
		外筒	三		二			一		一
板柱-剪力墙结构	高度/m		≤35	>35	≤35		>35	≤35	>35	不应采用
	板柱及周边框架		三	二	二		二	二	一	
	剪力墙		二	二	二		一	二	一	
单层厂房结构	铰接排架		四		三			二		一

注:1. 建筑场地为Ⅰ类时,除6度设防烈度外,应允许按表内降低1度所对应的抗震等级采用抗震构造措施,但相应的计算要求不应降低。
  2. 接近或等于高度分界时,应允许结合房屋不规则程度及场地、地基条件确定抗震等级。
  3. 大跨度框架指跨度不小于18 m的框架。
  4. 表中框架结构不包括异形柱框架。
  5. 房屋高度不大于60 m的框架-核心筒结构按框架-剪力墙结构的要求设计时,应按表中框架-剪力墙的结构确定抗震等级。

★0.2.3 保护层最小厚度★

为了防止钢筋锈蚀，增强钢筋与混凝土之间的粘结力及钢筋的防火能力，在钢筋混凝土构件中钢筋的外边缘至构件表面应留有一定厚度的混凝土，如图 0-4 所示。

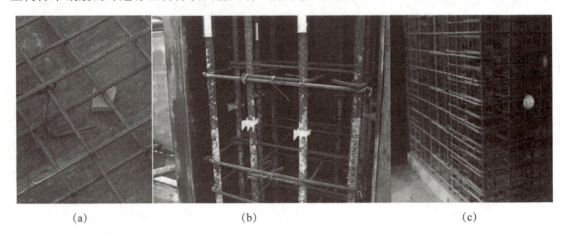

图 0-4 钢筋保护层
(a)板的钢筋保护层；(b)柱的钢筋保护层；(c)墙的钢筋保护层

影响混凝土保护层厚度的四大因素是环境类别、构件类型、混凝土强度等级及结构设计使用年限。不同环境类别的混凝土保护层的最小厚度应符合表 0-2 的规定。

表 0-2 混凝土保护层的最小厚度(混凝土强度等级≥C30)　　　　　　　　　　mm

环境类别	板、墙、壳	梁、柱、杆
一	15	20
二 a	20	25
二 b	25	35
三 a	30	40
三 b	40	50

注：1. 表中混凝土保护层厚度是指最外层钢筋外边缘至混凝土表面的距离，适用于设计使用年限为 50 年的混凝土结构。
2. 构件中受力钢筋的保护层厚度不应小于钢筋的公称直径。
3. 设计使用年限为 100 年的混凝土结构，一类环境中，最外层钢筋的保护层厚度不应小于表中数值的 1.4 倍；二、三类环境中，应采取专门的有效措施(混凝土的环境类别见表 0-3)。例如，环境类别为一类，结构设计使用年限为 100 年的框架梁，混凝土强度等级为 C30，其混凝土保护层的最小厚度应为 $20 \times 1.4 = 28 (mm)$。
4. 混凝土强度等级不大于 C25 时，表中保护层厚度数值应增加 5 mm。
5. 基础底面钢筋的保护层厚度，有混凝土垫层时，应从垫层顶面算起，且不应小于 40 mm；无垫层时，不应小于 70 mm。

表 0-3　混凝土结构的环境类别

环境类别	条件
一	室内干燥环境；无侵蚀性静水浸没环境
二 a	室内潮湿环境； 非严寒和非寒冷地区的露天环境； 非严寒和非寒冷地区与无侵蚀性的水或土壤直接接触的环境； 严寒和寒冷地区的冰冻线以下与无侵蚀性的水或土壤直接接触的环境
二 b	干湿交替环境； 水位频繁变动环境； 严寒和寒冷地区的露天环境； 严寒和寒冷地区冰冻线以上与无侵蚀性的水或土壤直接接触的环境
三 a	严寒和寒冷地区冬季水位变动区环境； 受除冰盐影响环境； 海风环境
三 b	盐渍土环境； 受除冰盐作用环境； 海岸环境
四	海水环境
五	受人为或自然的侵蚀性物质影响的环境

★0.2.4　钢筋的锚固长度★

为了保证钢筋与混凝土共同受力，它们之间必须要有足够的粘结强度。为了保证粘结效果，钢筋在混凝土中要有足够的锚固长度。

(1)受拉钢筋基本锚固长度 l_{ab} 和抗震设计时受拉钢筋基本锚固长度 l_{abE} 应符合表 0-4 和表 0-5 的规定。

表 0-4　受拉钢筋基本锚固长度 l_{ab}

钢筋种类	混凝土强度等级							
	C20	C25	C30	C35	C40	C45	C50	C55	≥C60
HPB300	39d	34d	30d	28d	25d	24d	23d	22d	21d
HRB335、HRBF335	38d	33d	29d	27d	25d	23d	22d	21d	21d
HRB400、HRBF400、RRB400	—	40d	35d	32d	29d	28d	27d	26d	25d
HRB500、HRBF500	—	48d	43d	39d	36d	34d	32d	31d	30d

表 0-5　抗震设计时受拉钢筋基本锚固长度 l_{abE}

钢筋种类		混凝土强度等级								
		C20	C25	C30	C35	C40	C45	C50	C55	≥C60
HPB300	一、二级	45d	39d	35d	32d	29d	28d	26d	25d	24d
	三级	41d	36d	32d	29d	26d	25d	24d	23d	22d
HRB335、HRBF335	一、二级	44d	38d	33d	31d	29d	26d	25d	24d	24d
	三级	40d	35d	31d	28d	26d	24d	23d	22d	22d
HRB400、HRBF400	一、二级	—	46d	40d	37d	33d	32d	31d	30d	29d
	三级	—	42d	37d	34d	30d	29d	28d	27d	26d
HRB500、HRBF500	一、二级	—	55d	49d	45d	41d	39d	37d	36d	35d
	三级	—	50d	45d	41d	38d	36d	34d	33d	32d

(2) 受拉钢筋锚固长度 l_a、受拉钢筋抗震锚固长度 l_{aE} 应符合表 0-6 和 0-7 的规定。

表 0-6　受拉钢筋锚固长度 l_a

钢筋种类	混凝土强度等级																
	C20		C25		C30		C35		C40		C45		C50		C55		≥C60	
	d≤25	d>25	d≤25	d>25	d≤25	d>25	d≤25	d>25	d≤25	d>25	d≤25	d>25	d≤25	d>25	d≤25	d>25	d≤25	d>25
HPB300	39d	—	34d	—	30d	—	28d	—	25d	—	24d	—	23d	—	22d	—	21d	—
HRB335、HRBF335	38d	—	33d	—	29d	—	27d	—	25d	—	23d	—	22d	—	21d	—	21d	—
HRB400、HRBF400、RRB400	—	—	40d	44d	35d	39d	32d	35d	29d	32d	28d	31d	27d	30d	26d	29d	25d	28d
HRB500、HRBF500	—	—	48d	53d	43d	47d	39d	43d	36d	40d	34d	37d	32d	35d	31d	34d	30d	33d

表 0-7　受拉钢筋抗震锚固长度 l_{aE}

钢筋种类		混凝土强度等级																
		C20		C25		C30		C35		C40		C45		C50		C55		≥C60	
		d≤25	d>25	d≤25	d>25	d≤25	d>25	d≤25	d>25	d≤25	d>25	d≤25	d>25	d≤25	d>25	d≤25	d>25	d≤25	d>25
HPB300	一、二级	45d	—	39d	—	35d	—	32d	—	29d	—	28d	—	26d	—	25d	—	24d	—
	三级	41d	—	36d	—	32d	—	29d	—	26d	—	25d	—	24d	—	23d	—	22d	—

续表

钢筋种类		C20		C25		C30		C35		C40		C45		C50		C55		≥C60	
		$d\leqslant25$	$d>25$	$d\leqslant25$	$d>25$	$d\leqslant25$	$d>25$	$d\leqslant25$	$d>25$	$d\leqslant25$	$d>25$	$d\leqslant25$	$d>25$	$d\leqslant25$	$d>25$	$d\leqslant25$	$d>25$	$d\leqslant25$	$d>25$
HRB335 HRBF335	一、二级	$44d$	—	$38d$	—	$33d$	—	$31d$	—	$29d$	—	$26d$	—	$25d$	—	$24d$	—	$24d$	—
	三级	$40d$	—	$35d$	—	$30d$	—	$28d$	—	$26d$	—	$24d$	—	$23d$	—	$22d$	—	$22d$	—
HRB400 HRBF400	一、二级	—	—	$46d$	$51d$	$40d$	$45d$	$37d$	$40d$	$33d$	$37d$	$32d$	$36d$	$31d$	$35d$	$30d$	$33d$	$29d$	$32d$
	三级	—	—	$42d$	$46d$	$37d$	$41d$	$34d$	$37d$	$30d$	$34d$	$29d$	$33d$	$28d$	$32d$	$27d$	$30d$	$26d$	$29d$
HRB500 HRBF500	一、二级	—	—	$55d$	$61d$	$49d$	$54d$	$45d$	$49d$	$41d$	$46d$	$39d$	$43d$	$37d$	$40d$	$36d$	$39d$	$35d$	$38d$
	三级	—	—	$50d$	$56d$	$45d$	$49d$	$41d$	$45d$	$38d$	$42d$	$36d$	$39d$	$34d$	$37d$	$33d$	$36d$	$32d$	$35d$

注:1. 当为环氧树脂涂层带肋钢筋时,表中数据尚应乘以1.25。
2. 当纵向受拉钢筋在施工过程中易受扰动时,表中数据尚应乘以1.1。
3. 当锚固长度范围内纵向受力钢筋周边保护层厚度为$3d$、$5d$(d为锚固钢筋的直径)时,表中数据可分别乘以0.8、0.7;中间时按内插值。
4. 当纵向受拉普通钢筋锚固长度修正系数(注1～注3)多于一项时,可按连乘计算。
5. 受拉钢筋锚固长度l_a、l_{aE}计算值不应小于200。
6. 四级抗震时,$l_{aE}=l_a$。
7. 当锚固钢筋的保护层厚度不大于$5d$时,锚固钢筋长度范围内设置横向构造钢筋,其直径不应小于$d/4$(d为锚固钢筋的最大直径);对梁、柱等构件间距不应大于$5d$,对板、墙等构件不应大于$10d$,且均不应大于100(d为锚固钢筋的最小直径)。
8. HPB300级钢筋末端应做180°弯钩,做法详见图集16G101—1第57页。

★0.2.5 钢筋的搭接长度★

钢筋的搭接长度是钢筋计算中的一个重要参数,其搭接长度和抗震搭接长度分别见表0-8和表0-9。

表 0-8　纵向受拉钢筋搭接长度 l_l

钢筋种类及同一区段内搭接钢筋面积百分率		C20	C25		C30		C35		C40		C45		C50		C55		≥C60	
		$d\leqslant 25$	$d\leqslant 25$	$d>25$	$d\leqslant 25$	$d>25$	$d\leqslant 25$	$d>25$	$d\leqslant 25$	$d>25$	$d\leqslant 25$	$d>25$	$d\leqslant 25$	$d>25$	$d\leqslant 25$	$d>25$	$d\leqslant 25$	$d>25$
HPB300	≤25%	47d	41d	—	36d	—	34d	—	30d	—	29d	—	28d	—	26d	—	25d	—
	50%	55d	48d	—	42d	—	39d	—	35d	—	34d	—	32d	—	31d	—	29d	—
	100%	62d	54d	—	48d	—	45d	—	40d	—	38d	—	37d	—	35d	—	34d	—
HRB335 HRBF335	≤25%	46d	40d	—	35d	—	32d	—	30d	—	28d	—	26d	—	25d	—	25d	—
	50%	53d	46d	—	41d	—	38d	—	35d	—	32d	—	31d	—	29d	—	29d	—
	100%	61d	53d	—	46d	—	43d	—	40d	—	37d	—	35d	—	34d	—	34d	—
HRB400 HRBF400 RRB400	≤25%	—	48d	53d	42d	47d	38d	42d	35d	38d	34d	37d	32d	36d	31d	35d	30d	34d
	50%	—	56d	62d	49d	55d	45d	49d	41d	45d	39d	43d	38d	42d	36d	41d	35d	39d
	100%	—	64d	70d	56d	62d	51d	56d	46d	51d	45d	50d	43d	48d	42d	46d	40d	45d
HRB500 HRBF500	≤25%	—	58d	64d	52d	56d	47d	52d	43d	48d	41d	44d	38d	42d	37d	41d	36d	40d
	50%	—	67d	74d	60d	66d	55d	60d	50d	56d	48d	52d	45d	49d	43d	48d	42d	46d
	100%	—	77d	85d	69d	75d	62d	69d	58d	64d	54d	59d	51d	56d	50d	54d	48d	53d

表 0-9　纵向受拉钢筋抗震搭接长度 l_{lE}

钢筋种类及同一区段内搭接钢筋面积百分率		混凝土强度等级															
		C20	C25		C30		C35		C40		C45		C50		C55		≥C60
		$d≤25$	$d≤25$	$d>25$	$d≤25$	$d>25$	$d≤25$	$d>25$	$d≤25$	$d>25$	$d≤25$	$d>25$	$d≤25$	$d>25$	$d≤25$	$d>25$	$d≤25$	$d>25$
一、二级抗震等级	HPB300 ≤25%	54d	47d	—	42d	—	38d	—	35d	—	34d	—	31d	—	30d	—	29d	—
	HPB300 50%	63d	55d	—	49d	—	45d	—	41d	—	39d	—	36d	—	35d	—	34d	—
	HRB335 HRBF335 ≤25%	53d	46d	—	40d	—	37d	—	35d	—	31d	—	30d	—	29d	—	29d	—
	HRB335 HRBF335 50%	62d	53d	—	46d	—	43d	—	41d	—	36d	—	35d	—	34d	—	34d	—
	HRB400 HRBF400 ≤25%	—	55d	61d	48d	54d	44d	48d	40d	44d	38d	43d	37d	42d	36d	40d	35d	38d
	HRB400 HRBF400 50%	—	64d	71d	56d	63d	52d	56d	46d	52d	45d	50d	43d	49d	42d	46d	41d	45d
	HRB500 HRBF500 ≤25%	—	66d	73d	59d	65d	54d	59d	49d	55d	47d	52d	44d	48d	43d	47d	42d	46d
	HRB500 HRBF500 50%	—	77d	85d	69d	76d	63d	69d	57d	64d	55d	60d	52d	56d	50d	55d	49d	53d
三级抗震等级	HPB300 ≤25%	49d	43d	—	38d	—	35d	—	31d	—	30d	—	29d	—	28d	—	26d	—
	HPB300 50%	57d	50d	—	45d	—	41d	—	36d	—	35d	—	34d	—	32d	—	31d	—
	HRB335 HRBF335 ≤25%	48d	42d	—	36d	—	34d	—	31d	—	29d	—	28d	—	26d	—	26d	—
	HRB335 HRBF335 50%	56d	49d	—	42d	—	39d	—	36d	—	34d	—	32d	—	31d	—	31d	—
	HRB400 HRBF400 ≤25%	—	50d	55d	44d	49d	41d	44d	36d	41d	35d	40d	34d	38d	32d	36d	31d	35d

续表

钢筋种类及同一区段内搭接钢筋面积百分率		混凝土强度等级															
		C20	C25		C30		C35		C40		C45		C50		C55		≥C60
		$d\leqslant25$	$d\leqslant25$	$d>25$	$d\leqslant25$	$d>25$	$d\leqslant25$	$d>25$	$d\leqslant25$	$d>25$	$d\leqslant25$	$d>25$	$d\leqslant25$	$d>25$	$d\leqslant25$	$d>25$	$d\leqslant25$	$d>25$
三级抗震等级	HRB400 HRBF400 50%	—	59d	64d	52d	57d	48d	52d	42d	48d	41d	46d	39d	45d	38d	42d	36d	41d
	HRB500 HRBF500 ≤25%	—	60d	67d	54d	59d	49d	54d	46d	50d	43d	47d	41d	44d	40d	43d	38d	42d
	HRB500 HRBF500 50%	—	70d	78d	63d	69d	57d	63d	53d	59d	50d	55d	48d	52d	46d	50d	45d	49d

注: 1. 表中数值为纵向受拉钢筋绑扎搭接接头的搭接长度。
2. 两根不同直径钢筋搭接时,表中 d 取较细钢筋直径。
3. 当为环氧树脂涂层带肋钢筋时,表中数据尚应乘以1.25。
4. 当纵向受拉钢筋在施工过程中易受扰动时,表中数据尚应乘以1.1。
5. 当搭接长度范围内纵向受力钢筋周边保护层厚度为3d、5d(d为搭接钢筋的直径)时,表中数据尚可分别乘以0.8、0.7;中间时按内插值。
6. 上述修正系数(注3~注5)多于一项时,可按连乘计算。
7. 当位于同一连接区段内的钢筋搭接接头面积百分率为100%时,$l_{lE}=1.6 l_{aE}$。
8. 当位于同一连接区段内的钢筋搭接接头面积百分率为表中数据中间值时,搭接长度可按内插取值。
9. 任何情况下,搭接长度不应小于300。
10. 四级抗震等级时,$l_{lE}=l_l$,详见图集16G101—1第60页。
11. HPB300级钢筋末端应做180°弯钩,做法详见图集16G101—1第57页。

★0.2.6 钢筋的连接方式★

在施工过程中,当构件的钢筋不够长时(钢筋出厂长度一般是9 m),需要对钢筋进行连接。钢筋的主要连接方式有三种,即绑扎搭接、机械连接和焊接连接,如图0-5所示。

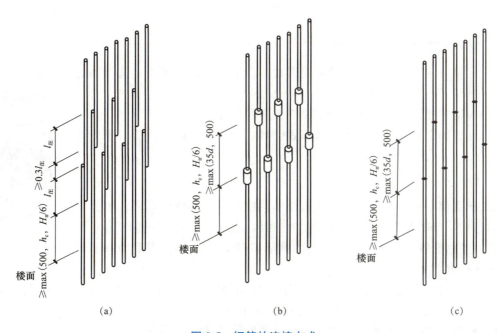

图 0-5 钢筋的连接方式
(a)绑扎搭接;(b)机械连接;(c)焊接连接(内光接触对焊连接)

★0.2.7 钢筋的理论质量★

在钢筋工程量的计算中,当计算出钢筋的长度后,再乘以每米钢筋质量即可以得出钢筋总质量。钢筋单位理论质量(也称线密度,单位为 kg/m)见表0-10。

表 0-10 钢筋单位理论质量表

钢筋直径 d/mm	4	6	6.5	8	10	12	14	16
理论质量/(kg·m^{-1})	0.099	0.222	0.260	0.395	0.617	0.888	1.208	1.578
钢筋直径 d/mm	18	20	22	25	28	30	32	
理论质量/(kg·m^{-1})	1.998	2.466	2.984	3.850	4.830	5.550	6.310	

0.3 三种参数计算

★0.3.1 钢筋的锚固长度★

1. 查表计算锚固长度的方法

(1)汇总决定抗震锚固长度的主要因素：①混凝土强度等级；②钢筋种类；③抗震等级；④钢筋直径。
(2)根据主要因素查表初步确定锚固长度的计算式。
(3)逐项确定最终锚固长度的计算式(图集16G101-1第58页，下方注1～注7)。

查表计算钢筋的搭接长度

2. 案例分析

【工程案例0-1】 某现浇混凝土框架结构中的梁在柱内的锚固，钢筋锚固区内保护层厚度大于$5d$，抗震等级为三级，混凝土强度等级为C30，环氧树脂涂层钢筋级别为HRB335，受力钢筋直径为20 mm，求受力钢筋的抗震锚固长度l_{aE}。

(1)汇总决定抗震锚固长度的主要因素：①混凝土强度等级为C30；②钢筋种类为HRB335；③抗震等级为三级；④钢筋直径20 mm。
(2)根据主要因素查表初步确定锚固长度的计算式：查表0-7得出$l_{aE}=30d$。
(3)逐项确定最终锚固长度的计算式：逐项比较表0-7下方的注1～注5，最后得出$l_{aE}=30d×1.25=30×20×1.25=750(mm)$。

★0.3.2 钢筋保护层厚度★

1. 保护层厚度确定方法

(1)确定钢筋的公称直径。
(2)查表确定保护层厚度。
(3)逐项确定最终保护层厚度。

2. 案例分析

【工程案例0-2】 某工程为现浇混凝土框架结构，设计使用年限为50年，混凝土强度等级为C25，环境类别为一类，梁和柱的受力钢筋公称直径为25 mm，柱箍筋为8 mm，梁的箍筋为6 mm，求梁保护层最小厚度。

(1)确定钢筋的公称直径：已知梁受力钢筋的公称直径为25 mm。
(2)查表确定保护层厚度：查表0-2得出梁保护层最小厚度为20 mm。
(3)逐项确定最终保护层厚度：逐项比较表0-2下方的注1、注2和注4，发现符合注1的要求，而注4要求混凝土强度等级不大于C25时，表中保护层厚度数值应增加5，所以将数据进行调整，应为 20＋5＝25(mm)，大于等于其公称直径 25 mm，符合注 2 的要求，最终梁的保护层厚度为 25 mm。

★0.3.3　钢筋的搭接长度★

1. 查表计算搭接长度的方法

(1)汇总决定搭接长度的主要因素。
(2)根据主要因素查表初步确定搭接长度的计算式。
(3)逐项确定最终搭接长度的计算式。

2. 案例分析

【工程案例 0-3】　某现浇混凝土框架结构中的梁内一根上部通长筋由两段钢筋搭接，钢筋直径分别为 ⌀20 和 ⌀25，抗震等级为三级，混凝土强度等级为 C30，求受力钢筋的抗震搭接长度 l_{lE}。

(1)汇总决定搭接长度的主要因素：钢筋种类为 HRB335；混凝土强度等级为 C30；抗震等级为三级。

(2)根据主要因素查表初步确定搭接长度的计算式：查表 0-9 得出 $l_{lE}=42d$。

(3)逐项确定最终搭接长度的计算式：逐项比较表 0-9 下方的注 1～注 11，最后得出 $l_{lE}=42d=42×20=840(mm)$。

本章总结

通过本单元的学习，要求掌握以下内容：
1. 抗震锚固长度的查表方法及计算技巧。
2. 保护层最小厚度的应用。
3. 抗震搭接长度的查表方法及计算技巧。

案例实训

1. 根据二维扫码附图计算 KL1、KL2、⋯、KL7 钢筋的抗震锚固长度。
2. 根据二维扫码附图计算 KL1、KL2、⋯、KL7 钢筋的抗震搭接长度。

单元 1　梁平法识图与钢筋计算

学习情境描述

通过本单元的学习，进一步熟悉 16G101 图集的相关内容；掌握梁结构施工图中平面注写方式与截面注写方式所表达的内容；掌握梁标准构造详图中通长筋、支座负筋、腰筋、拉筋等的构造要求及箍筋加密区的构造规定；能够准确计算各种类型钢筋的长度。

梁构件钢筋

教学要求

能力目标	知识要点	相关知识	权重
能够熟练地应用梁的平法制图规则和钢筋构造详图知识识读梁的平法施工图	集中标注、原位标注、锚固长度、搭接长度、箍筋加密区	钢筋种类、混凝土强度等级、抗震等级、受拉钢筋基本锚固长度、环境类别、施工图的阅读等	0.7
能够熟练地计算各种类型钢筋的长度	构件净长度、锚固长度、搭接长度、钢筋保护层、钢筋弯钩增加值	与钢筋计算相关的消耗量定额规定、施工图的阅读、钢筋的线密度等	0.3

1.1　梁构件的分类

1. 楼层框架梁(KL)

框架梁是指两端与框架柱相连的梁，或者两端与剪力墙相连但跨高比不小于 5 的梁，如图 1-1 所示。

2. 屋面框架梁(WKL)

屋面框架梁布设在屋面层上且在建筑物的外边缘位置，如图 1-1 所示。

3. 非框架梁(L)

在框架结构中，框架梁之间将楼板的质量先传递给框架梁的其他梁，即非框架梁。也可以说，框架结构中的次梁就是非框架梁，如图 1-1 所示。

4. 悬挑梁(XL)

悬挑梁是一端没有支座的梁，其一端埋在或者浇筑在支座上，另一端伸出挑出支座，如图 1-1 所示。

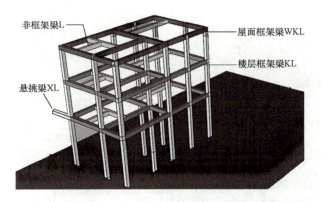

图 1-1　楼层框架梁、屋面框架梁

5. 框支梁（KZL）

框支梁是在框支结构中的构件。当结构中具有较多的竖向抗侧力构件（如混凝土墙、柱等）时，因为建筑方面的要求不能落地，或者竖向不连续，需要通过转换构件将竖向力转换为水平力并向下传递。

转换构件采用较多的是转换梁，上部的柱、墙直接落在转换梁上，在底部形成较大空间，将这种结构称为框支结构，这种转换梁即框支梁。框支梁的本质不是真正的梁而是架空剪力墙的加强构造，如图 1-2 所示。

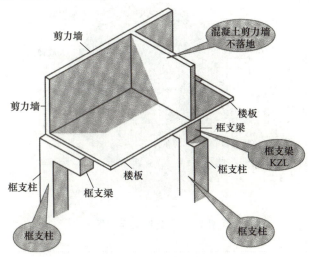

图 1-2　框支梁示意图

6. 基础主梁

以独立基础或承台为支座的梁为基础主梁。

7. 基础次梁

以基础主梁为支座的基础梁为基础次梁。

8. 基础连梁

基础连梁是主要承台、条形基础或独立基础之间的梁，它可以减少基础之间的沉降差异，防止地基的不均匀沉降，还可以作为砖墙的承重基础。基础连梁不是主要受力构件，而是次要受力构件，如图 1-3 所示。

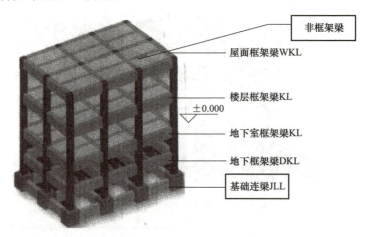

图 1-3　非框架梁、基础主梁地下框架梁示意图

9. 基础圈梁

基础圈梁多用于砖混结构中的承重墙基础上部，起到抗震和增加结构整体性的作用，如图 1-4 所示。

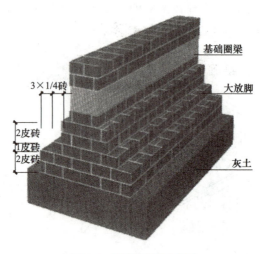

图 1-4　基础圈梁示意图

10. 承台梁

承台梁是连接承台的梁，其主要作用为防止地基的不均匀沉降。

11. 井字梁

井字梁是由同一平面内相互正交或斜交的梁所组成的结构构件，又称为交叉梁或格形梁。其不分主次、高度相当、同位相交、呈井字形。这种梁一般用于楼板呈正方形或者长宽比小于 1.5 的矩形楼板，大厅比较多见，梁间距为 3 m 左右，如图 1-5 和图 1-6 所示。

为了标注方便，16G101－1 对各种类型的梁，规定了它们的构件代号。见表 1-1。

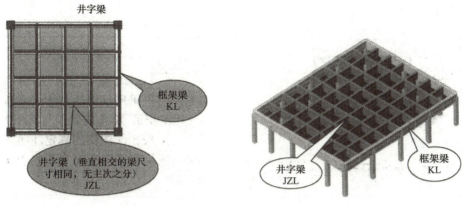

图 1-5 井字梁平面示意图　　　　图 1-6 井字梁空间示意图

表 1-1 梁构件代号表

构件名称	构件代号	构件名称	构件代号
楼层框架梁	KL	非框架梁	L
屋面框架梁	WKL	悬挑梁	XL
框支梁	KZL	井字梁	JZL

1.2　梁钢筋的分类

1. 纵向钢筋

纵向钢筋包括：上部通长筋；侧面钢筋；下部通长筋；非通长筋；左端支座负筋；跨中架立筋；右端支座负筋，如图 1-7 所示。

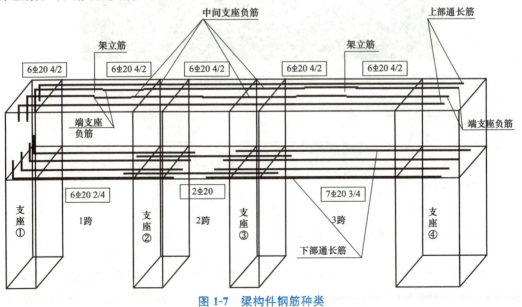

图 1-7　梁构件钢筋种类

2. 箍筋

箍筋可分为非复合箍筋和复合箍筋,如图1-8所示。

图1-8 梁构件箍筋分类

(a)非复合箍筋;(b)复合箍筋

3. 附加钢筋

附加箍筋或吊筋,将其直接画在平面图中的主梁上,用线引注总配筋值(附加箍筋的肢数注在括号内),如图1-9所示。吊筋立体如图1-10所示。

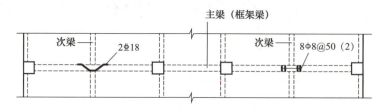

图1-9 附加箍筋及吊筋示意图

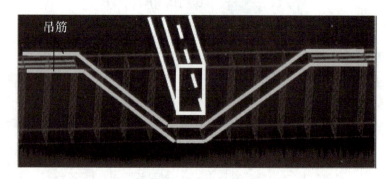

图1-10 梁吊筋示意图

1.3 梁的平法识图

★1.3.1 梁构件的集中标注★

梁平法施工图的表示方法有两种,分别是平面注写方式和截面注写方式;平面注写方式包括集中标注(图1-11)和原位标注。

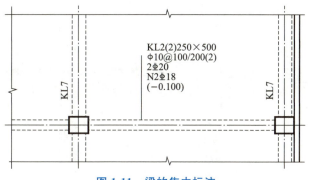

图 1-11 梁的集中标注

1. 集中标注第一行的意义

集中标注的第一行的内容包括梁名称、编号、跨数等信息，此项为必注值。

(1)框架梁的第一行表示方法：图 1-12 所示的 KL2,3—3(2) 表示：二、三层 3 号框架梁，2 跨。

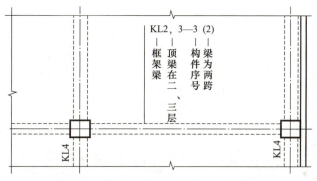

图 1-12 框架梁集中标注第一行施工图

(2)一端悬挑的表示方法：图 1-13 所示的 KL2—3(2A) 表示：二层 3 号框架梁，2 跨一端悬挑。一端悬挑框架梁空间立体图如图 1-14 所示。

(3)两端悬挑的表示方法：图 1-15 所示的 KL2—3(2B) 表示：二层 3 号框架梁，2 跨两端悬挑。两端悬挑框架梁空间立体图如图 1-16 所示。

(4)非框架的第一行表示方法：图 1-17 所示的 L2(1)250×500 表示：2 号非框架梁，1 跨，梁的截面尺寸为：截面宽 250 mm，截面高 500 mm。

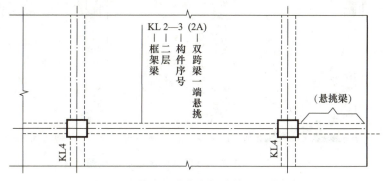

图 1-13 单端悬挑集中标注第一行施工图

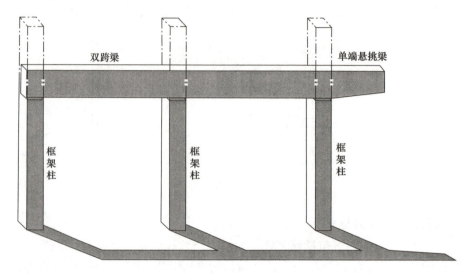

图 1-14 单端悬挑梁轴测投影示意图

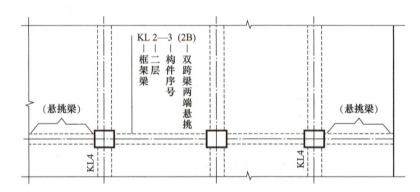

图 1-15 两端悬挑梁集中标注第一行施工图

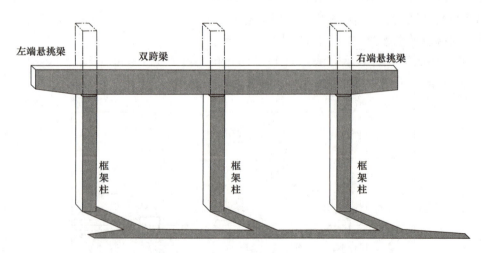

图 1-16 两端悬挑双跨梁轴测投影示意图

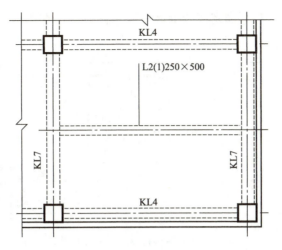

图 1-17　非框架梁标注第一行施工图

2. 集中标注中第二行的意义

在梁的集中标注中第二行，按规则注写箍筋信息。此项是必注值。

图 1-18 中所示的 φ6@100/200(2) 表示：箍筋为 HPB300 级钢筋，直径为 6 mm，加密区间距为 100 mm，非加密区间距为 200 mm，均为两肢箍。

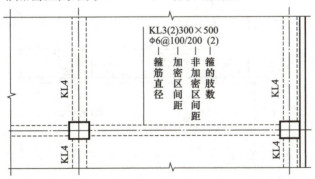

图 1-18　框架梁的第二行集中标注

（1）箍筋肢数的标注方式。当加密区的箍筋肢数和非加密区的箍筋肢数相同时，可在第二行最后统一表示箍筋肢数，如图 1-19 所示。

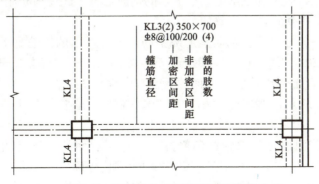

图 1-19　框架梁集中标注的四肢箍筋

当加密区的箍筋肢数和非加密区的箍筋肢数不同时，可在第二行的加密区与非加密区分别表示箍筋肢数，如图 1-20 所示。

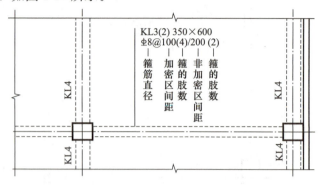

图 1-20　框架梁同时有四肢和两肢箍筋的标注

（2）梁箍筋布筋范围的配置位置。在梁的每一跨靠近端部的位置设置箍筋加密区，跨中设置箍筋非加密区，如图 1-21 所示。

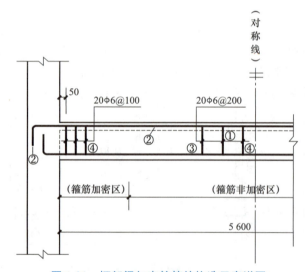

图 1-21　框架梁加密箍筋的构造示意详图

3. 集中标注中第三行的意义

集中标注的第三行表示的是梁上、下纵筋的钢筋信息，此项为必注值。

集中标注第三行平法识图的步骤如下：

（1）先找"；"号，分号前面的钢筋是上部钢筋；分号后面的钢筋是下部钢筋。如图 1-22 所示，分号前面 2Φ20＋(2Φ12)是上部钢筋；分号后面 7Φ22　2/5 是下部钢筋。

（2）再找"＋"号，上部钢筋"＋"前面的是上部角筋优先，"＋"号后面的是架立筋(用括号表示)。如图 1-22 所示，2Φ20＋(2Φ12)中 2Φ20 是上部通长筋位于角部；(2Φ12)是架立筋位于中部。

下部钢筋"＋"前面的是下部钢筋角筋优先，"＋"后面的是下部的其他纵向钢筋。如图 1-22 所示，7Φ22　2/5 是下部钢筋，其中 2 根角筋优先配置。

（3）最后找"/"号，斜线前面的是上排钢筋，斜线后面的是下排钢筋。

梁的上部钢筋有上排和下排之分；同理下部钢筋也有上排和下排之分。如图1-22所示，下部钢筋7⊈22 2/5表示上排2根，下排5根，其中下排5根钢筋中的角筋优先配置。如图1-22所示，2⊈20+(2⊈12)只有上排钢筋，2⊈20优先角筋配置，架立筋和角筋在同一平面上布置。

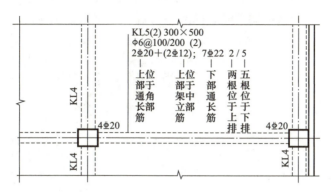

图1-22 框架梁第三行标注的上、下通长筋及中部架立筋

注：如果在梁集中标注的第三行只标注上部通长筋信息时，可以将第三行的钢筋信息注写在第二行的最后，如图1-23和图1-24所示。

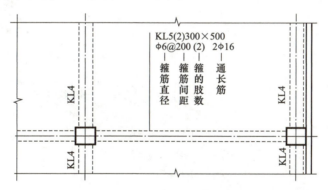

图1-23 梁的集中标注第二行规则示例注法

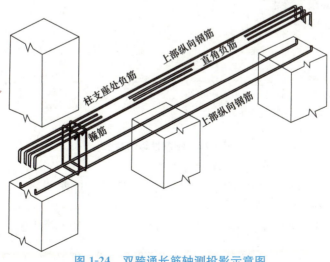

图1-24 双跨通长筋轴测投影示意图

4. 集中标注中第四行的意义

集中标注的第四行表示的是梁的侧面钢筋，梁的侧面钢筋可分为构造钢筋（用 G 表示）和抗扭钢筋（用 N 表示）。此项为必注值。

(1) 梁的侧面构造钢筋。如图 1-25 所示，G2Φ12 是 KL5 的两根侧面构造钢筋，一个侧面配置 1 根。梁的侧面构造钢筋空间立体图，如图 1-26 所示。

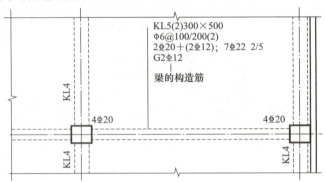

图 1-25　梁的集中标注中第四行习惯注法

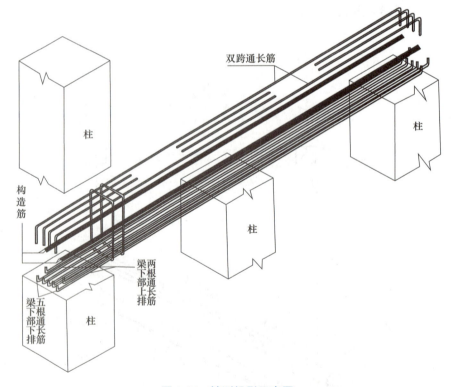

图 1-26　轴测投影示意图

(2) 梁的侧面抗扭钢筋。梁两侧楼板宽度不同，或者一侧是边梁，都会使梁产生扭矩，这时应该配置抗扭纵向钢筋，如图 1-27 所示。

图 1-27 中 N4Φ16 是 KL5 的 4 根侧面构造钢筋，一个侧面配置 2 根。连接方式如图 1-28 所示。

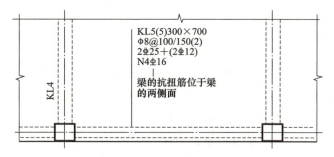

图 1-27　梁的第四行标注纵向受扭筋

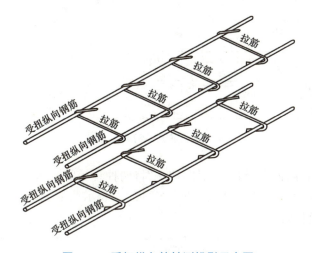

图 1-28　受扭纵向筋轴测投影示意图

侧面钢筋的连接方式是用箍筋和拉筋共同固定设置的。

5．集中标注中第五行的意义

集中标注的第五行表示的是梁顶面标高与板顶面标高的位置，此项为选注值。

当梁顶面标高高于板顶面标高时用"＋"表示；当梁顶面标高低于板顶面标高时用"－"表示，如图 1-29 所示。空间轴测图如图 1-30 所示。

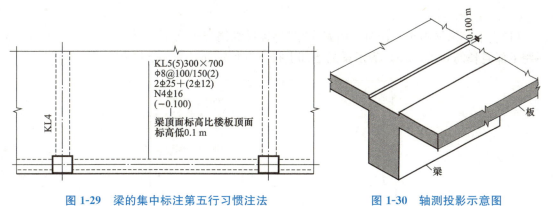

图 1-29　梁的集中标注第五行习惯注法　　图 1-30　轴测投影示意图

（梁顶面标注高低于楼板顶面 0.1 m）

27

★1.3.2 梁构件的原位标注★

梁上部的原位标注表示梁的上部钢筋，梁下部的原位标注表示梁的下部钢筋。

1. 梁支座上部纵筋

（1）当上部纵筋多于一排时，用斜线"/"将各排纵向自上而下分开。如图1-31所示，第一跨右支座筋6Φ25 4/2，表示梁的上部上排有4根钢筋，上部下排有2根钢筋。

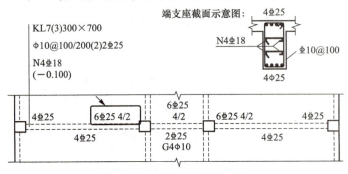

图1-31 梁纵筋构造示意图

（2）当同排钢筋有两种直径时，用加号"＋"将两种直径的纵向钢筋相连，标注时角筋优先。如图1-32所示，第一跨左支座筋2Φ25＋2Φ20，表示梁的上部上排为2根Φ25通长角筋，2根Φ20中部通长筋。

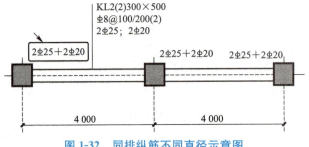

图1-32 同排纵筋不同直径示意图

2. 梁下部纵筋

（1）当下部纵筋多于一排时，用斜线"/"将各排纵筋自上而下分开。如图1-33所示，第一跨下部通长筋6Φ25 2/4，表示梁的下部上排有2根钢筋，下部下排有4根钢筋。

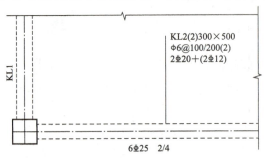

图1-33 梁下部纵筋原位标注

(2)当同排纵筋有两种直径时,用加号"+"将两种直径的纵筋相连,标注时角筋写在前面。如图1-34所示,第二跨下部通长筋2Φ25+2Φ20,表示梁的下部下排有2根Φ25角筋优先排布,梁下部下排为2根Φ20中部钢筋。

(3)当梁下部纵筋不全部伸入支座时,将梁支座下部纵筋减少的数量写在括号内。如图1-34所示,第一跨下部通长筋4Φ25 2(-2)/2,表示梁的下部上排2根Φ25的钢筋不伸入支座内,不伸入支座内节点详图参照16G101-1第90页,下部下排2根Φ25钢筋,全部伸入支座内。

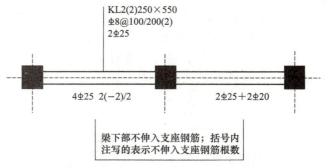

图1-34 梁下部纵筋原位标注示意图

以上是梁的平面注写内容,接下来共同学习截面注写的内容,截面注写的学习有助于布设梁的截面钢筋排布图。

★1.3.3 梁的截面注写方式★

截面注写方式是在分标准层绘制的梁平面布置图上,分别在不同编号的梁中各选择一根梁用剖面符号引出配筋图,并在其上注写截面尺寸和配筋具体数值的方式来表达梁平法施工图,如图1-35所示。

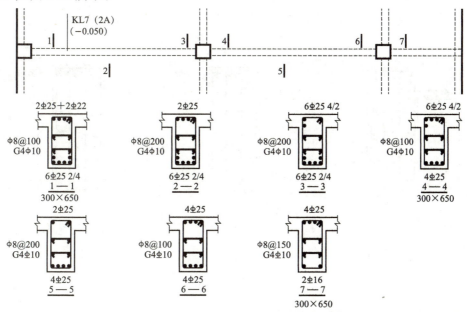

图1-35 15.870~26.670梁平法施工图(局部)

截面注写方式既可以单独使用,也可以与平面注写方式结合使用。当表达异形截面梁的尺寸与配筋时,用截面注写方式相对比较方便。它与平面注写方式大同小异。梁的代号、各种数字符号的含义均相同,只是平面注写方式中的集中注写方式在截面注写方式中用截面图表示。

★1.3.4 梁标注与钢筋抽样★

钢筋的抽样,要根据梁的平面标注信息(包括集中标注和原位标注)和截面标注信息才能准确地进行钢筋抽样,如图 1-36、图 1-37 和图 1-38 所示。

根据图 1-36、图 1-37 和图 1-38 所示,进行钢筋抽样,如图 1-39 所示。

注:熟练掌握梁端支座负筋的钢筋抽样、架立筋的钢筋抽样以及下部通长筋的钢筋抽样。

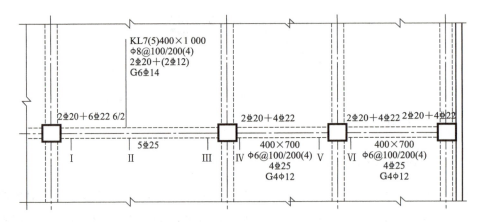

图 1-36 梁的箍筋集中标注与原位标注并存

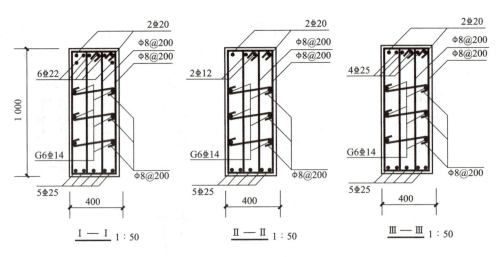

图 1-37 梁截面图(一)

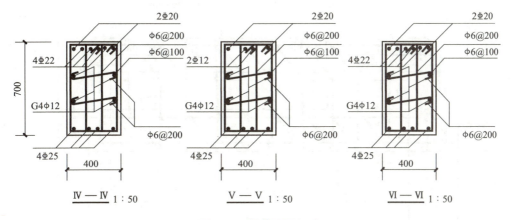

图 1-38 梁截面图(二)

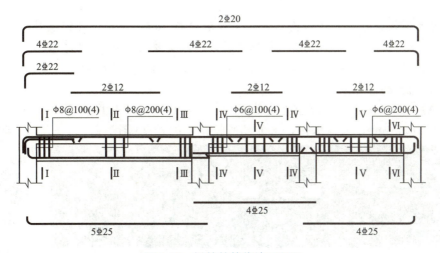

图 1-39 梁的箍筋传统工程图

1.4 梁的钢筋计算(造价咨询方向)

★1.4.1 梁构件通长筋的计算★

1. 梁上部通长筋计算

梁上部通长筋的空间 1/2 体排布图如图 1-40 所示,计算公式及案例如下:
(1)公式及锚固类型判断。

$$长度=净跨长+左支座锚固+右支座锚固$$

左、右支座锚固长度的取值判断:

当 h_c(柱宽)−保护层厚度$\geqslant l_{aE}$时,直锚,长度$=\max(l_{aE}, 0.5h_c+5d)$。

当 h_c(柱宽)−保护层厚度$< l_{aE}$时,弯锚,长度$=h_c-$保护层厚度$+15d$。

注:①当为屋面框架梁时,上部通长筋伸入支座端弯折至梁底。

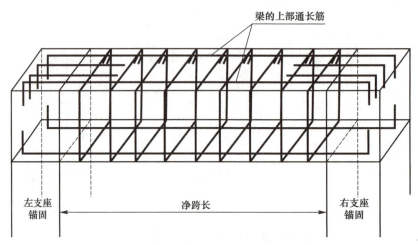

图 1-40 梁上部通长筋

②当为非框架梁时,上部通长筋伸入支座端弯折 $15d$,当按设计铰接时,伸入支座内平直段 $\geqslant 0.35l_{ab}$,当充分利用钢筋抗拉强度时,伸入支座内平直段 $\geqslant 0.6l_{ab}$。

③当为转换层梁时,纵筋伸入支座对边向下弯锚,通过梁底线后再下插 $l_{aE}(l_a)$。

(2)上部通长筋计算案例。

【例 1-1】 一级抗震,混凝土强度等级为 C30,钢筋定尺长度为 9 m,保护层厚度为 25 mm,绑扎搭接,求上部通长钢筋的长度(图 1-41)。

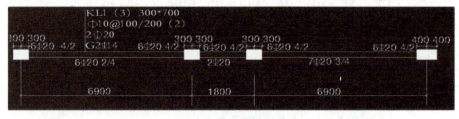

图 1-41 例 1-1 图

【解】 ⌀20 上部通长钢筋长度的计算过程见表 1-2。

表 1-2 ⌀20(上部通长钢筋)的计算过程

第一步	查表计算锚固长度 l_{aE}	$l_{aE}=33d=33\times20=660(mm)$
第二步	判断两端支座锚固	左支座:$h_c-c=600-25=575(mm)<660\ mm$ 故弯锚
		右支座:$h_c-c=800-25=775(mm)>660\ mm$ 故直锚
第三步	两端支座锚固长度	左支座弯锚长度:$h_c-c+15d=600-25+15\times20=875(mm)$
		右支座直锚长度:$\max(0.5h_c+5d,\ l_{aE})=\max(500,\ 660)=660\ mm$
第四步	上部通长筋单根净长	=左支座弯锚长度+第一跨净长+支座宽+第二跨净长+支座宽+第三跨净长+右支座直锚长度
		$=875+6\ 300+600+1\ 200+600+6\ 200+660=16\ 435(mm)$
第五步	搭接个数及长度	个数:$16\ 435\div9\ 000=1$
		长度:$l_{lE}=46d=46\times20=920(mm)$
第六步	上部通长筋单根总长度	$=16\ 435+920=17\ 355(mm)$

2. 梁下部通长筋计算

梁下部通长筋的空间主体排布图如图 1-42 所示，计算公式及案例如下：

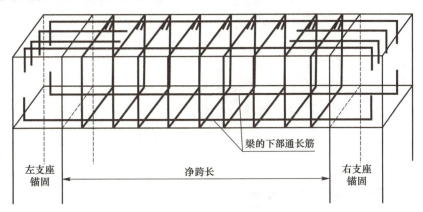

图 1-42 梁下部通长钢筋

(1) 公式及锚固类型判断。

$$长度 = 净跨长 + 左支座锚固 + 右支座锚固$$

左、右支座锚固长度的取值判断：l_{aE} 表示锚固长度。

当 h_c(柱宽) $-$ 保护层厚度(直锚长度) $\geqslant l_{aE}$ 时，直锚，取值 $\max(l_{aE}, 0.5h_c + 5d)$。

当 h_c(柱宽) $-$ 保护层厚度(直锚长度) $< l_{aE}$ 时，必须弯锚，长度 $= h_c -$ 保护层厚度 $+ 15d$。

注：非框架梁支座锚固长度为：伸入支座 $12d$，当梁配有受扭纵筋时，下部纵筋锚入长度为 l_a。

(2) 下部通长筋计算案例。

【例 1-2】 一级抗震，混凝土强度等级为 C30，钢筋定尺长度为 9 m，保护层厚度为 25 mm，绑扎搭接，求下部通长钢筋的长度(图 1-43)。

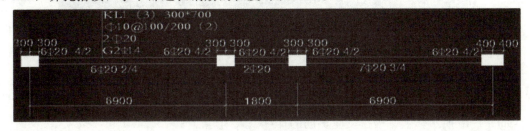

图 1-43 例 1-2 图

【解】 ⊥20 下部通长钢筋长度的计算过程见表 1-3。

表 1-3 ⊥20(下部通长钢筋)的计算过程

第一步	查表计算锚固长度 l_{aE}	$l_{aE} = 33d = 33 \times 20 = 660 \text{(mm)}$	
第二步	判断在端支座锚固	左支座：$h_c - c = 600 - 25 = 575 \text{(mm)} < 660 \text{ mm}$	故弯锚
		右支座：$h_c - c = 800 - 25 = 775 \text{(mm)} > 660 \text{ mm}$	故直锚
第三步	在端支座锚固长度	左支座弯锚长度：$h_c - c + 15d = 600 - 25 + 15 \times 20 = 875 \text{(mm)}$	
		右支座直锚长度：$\max(0.5h_c + 5d, l_{aE}) = \max(500, 660) = 660 \text{ mm}$	

续表

第一步	查表计算锚固长度 l_{aE}	$l_{aE}=33d=33\times 20=660(\text{mm})$
第四步	下部通长筋长度	第一跨长度＝左支座弯锚长度＋第一跨净长＋$\max(0.5h_c+5d, l_{aE})$
		$L_1=875+6\ 300+660=7\ 835(\text{mm})$
		第二跨长度＝$\max(0.5h_c+5d, l_{aE})$＋第二跨净长＋$\max(0.5h_c+5d, l_{aE})$
		$L_2=660+1\ 200+660=2\ 520(\text{mm})$
		第三跨长度＝$\max(0.5h_c+5d, l_{aE})$＋第三跨净长＋右支座直锚长度
		$L_3=660+6\ 200+660=7\ 520(\text{mm})$

★1.4.2 梁支座负筋的计算★

梁支座负筋是指位于梁支座上部承受负弯矩作用力的纵向受力钢筋。支座负筋可分为端支座负筋和中间支座负筋两类，如图1-44所示。

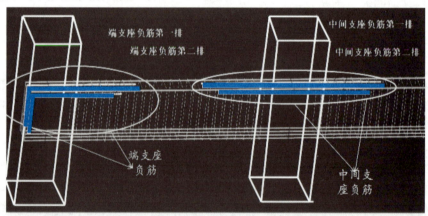

图1-44 梁支座负筋

1. 梁端支座负筋的计算

（1）计算公式。

如图1-45所示，上（下）排支座负筋的计算公式为

$$第一排长度＝左或右支座锚固＋净跨长/3$$
$$第二排长度＝左或右支座锚固＋净跨长/4$$

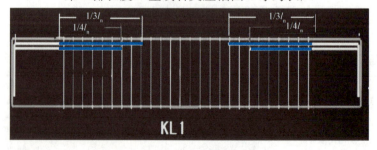

图1-45 梁端支座负筋

注：非框架梁支座负筋伸入梁内的长度：充分利用抗拉强度时为 $l_n/3$，设计按铰接时为 $l_n/5$。

(2)端支座负筋计算案例。

【例 1-3】 一级抗震，混凝土强度等级为 C30，钢筋定尺长度为 9 m，保护层厚度为 25 mm，绑扎搭接，求端支座负筋的长度(图 1-46)。

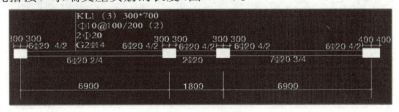

图 1-46　例 1-3 图

【解】 $\Phi 20$ 端支座负筋长度的计算过程见表 1-4。

表 1-4　$\Phi 20$(端支座负筋)的计算过程

第一步	查表计算锚固长度 l_{aE}	$l_{aE}=33d=33\times 20=660(mm)$	
第二步	判断在端支座锚固	左支座：$h_c-c=600-25=575(mm)<660\ mm$	故弯锚
		右支座：$h_c-c=800-25=775(mm)>660\ mm$	故直锚
第三步	在端支座锚固长度	左支座弯锚长度：$h_c-c+15d=600-25+15\times 20=875(mm)$	
		右支座直锚长度：$\max(0.5h_c+5d, l_{aE})=\max(500, 660)=660\ mm$	
第四步	支座钢筋长度	第一跨左第一排负筋长度=875+6 300/3=2 975(mm)	
		第一跨左第二排负筋长度=875+6 300/4=2 450(mm)	
		第三跨右第一排负筋长度=6 200/3+660=2 727(mm)	
		第三跨右第二排负筋长度=6 200/4+660=2 210(mm)	

2. 梁中间支座负筋的计算

(1)计算公式。

如图 1-47 所示，中间支座负筋的计算公式为

中间支座上排负筋长度=2×max(左跨，右跨)净跨长/3+支座宽

中间支座下排负筋长度=2×max(左跨，右跨)净跨长/4+支座宽

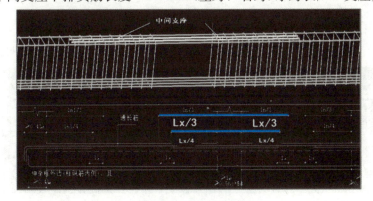

图 1-47　梁中间支座负筋

注：净跨长为左跨 l_{n_i} 和右跨 $l_{n_{i+1}}$。

(2)中间支座负筋计算案例。

【例 1-4】 设混凝土保护层厚度为 25 mm，钢筋定尺长度为 9 000 mm，绑扎搭接，求中间支座负筋的长度(图 1-48)。

图 1-48 例 1-4 图

【解】 中间支座分为两排，上排 1 根直径为 25 mm 钢筋，下排 2 根直径为 25 mm 钢筋，⏀25 中间支座负筋长度的计算过程见表 1-5。

表 1-5 ⏀25(中间支座负筋)的计算过程

第一步	第一排钢筋长度=2×max(第一跨净长，第二跨净长)/3＋支座宽 =2×(7 200－650)/3＋650＝5 017(mm)
第二步	第一排钢筋长度=2×max(第一跨净长，第二跨净长)/4＋支座宽 =2×(7 200－650)/4＋650＝3 925(mm)

★1.4.3 梁构件架立筋的计算★

架立筋在梁内起架立作用，从字面上理解即可。架立筋的主要功能是当梁上部纵筋的根数少于箍筋上部的转角数目时使箍筋的角部设有支承(图 1-49)。所以，架立筋就是将箍筋架立起来的纵向构造钢筋。

注：16G101 新规范增加了架立钢筋的规定："当梁的跨度小于 4 m 时，直径不宜小于 8 mm；当梁的跨度为 4～6 m 时，直径不应小于 10 mm；当梁的跨度大于 6 m 时，直径不宜小于 12 mm。"

1. 计算公式

如图 1-49 所示，梁架立筋长度计算公式为

架立筋长度=l_n(净跨长)－左支座负筋伸入梁净长－右支座负筋伸入梁净长＋150×2

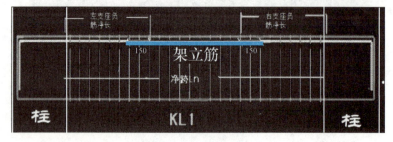

图 1-49 梁架立筋

注：1. 当梁的上部既有通长筋又有架立筋时，架立筋的搭接长度为 150 mm。
   2. 当梁的上部没有贯通筋，都是架立筋时，架立筋与支座负筋的连接长度取 l_{lE}（抗震搭接长度）。

2. 梁架立筋计算案例

【例 1-5】 设混凝土保护层厚度为 25 mm，钢筋定尺长度为 9 000 mm，绑扎搭接，架立筋的钢筋信息为 ⊈16，求架立筋的长度及根数（图 1-50）。

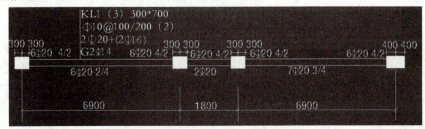

图 1-50 例 1-5 图

【解】 ⊈16 架立筋长度及根数的计算过程见表 1-6。

表 1-6 ⊈16（架立筋）的计算过程

第一步	架立筋判断	架立筋在梁中间 1/3 处与支座负筋连接，第二跨支座钢筋通算，第二跨无架立筋
第二步	架立筋长度	第一跨架立筋长度＝(6 900－600)/3＋150×2＝2 400(mm)
		第三跨架立筋长度＝(6 900－700)/3＋150×2＝2 367(mm)
第三步	架立筋根数	第一跨架立筋根数 n_1＝2
		第三跨架立筋根数 n_2＝2

★1.4.4 梁侧面钢筋的计算★

梁的侧面钢筋可分为构造钢筋和抗扭钢筋。

1. 计算公式

如图 1-51 所示，梁侧面钢筋长度的计算公式为

构造筋钢筋长度＝净跨长＋2×15d

抗扭钢筋长度＝净跨长＋2×锚固长度

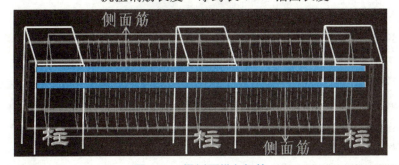

图 1-51 梁侧面纵向钢筋

注：1. 当梁宽≤350 mm 时，拉筋直径为 6 mm。
　　2. 当梁宽>350 mm，拉筋直径为 8 mm。
　　3. 拉筋间距为非加密区箍筋间距的 2 倍。
　　4. 当设有多排拉筋时，上下两排拉筋竖向错开设置。

2. 梁侧面钢筋计算案例

【例 1-6】 设混凝土强度等级为 C30，一级抗震，保护层厚度为 25 mm，定尺长度为 9 000 mm，绑扎搭接，求梁侧面钢筋的长度(图 1-52)。

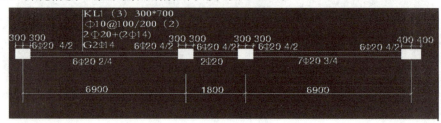

图 1-52　例 1-6 图

【解】 ⊥14 侧面钢筋长度的计算过程见表 1-7。

表 1-7　⊥14(侧面钢筋)的计算过程

第一种	抗扭钢筋长度	第一跨：左支座直锚长度+第一跨净长+max($0.5h_c+5d$, l_{aE})
		=462+6 300+462=7 224(mm)
		第二跨：max($0.5h_c+5d$, l_{aE})+第二跨净长+max($0.5h_c+5d$, l_{aE})
		=462+1 200+462=2 124(mm)
		第三跨：max($0.5h_c+5d$, l_{aE})+第三跨净长+max($0.5h_c+5d$, l_{aE})
		=462+6 200+470=7 132(mm)
第二种	构造钢筋长度	第一跨：$15d$+第一跨净长+$15d$
		=15×14+6 300+15×14=6 720(mm)
		第二跨：$15d$+第二跨净长+$15d$
		=15×14+1 200+15×14=1 620(mm)
		第三跨：$15d$+第三跨净长+$15d$
		=15×14+6 200+15×14=6 620(mm)

★**1.4.5　梁构件吊筋的计算**★

吊筋是将作用于混凝土梁式构件底部的集中力传递至顶部，是提高梁承受集中荷载抗剪能力的一种钢筋，形状如元宝，又称元宝筋(图 1-53)。

吊筋是由于梁的某部受到大的集中荷载作用，为了使梁体不产生局部严重破坏，同时使梁体的材料发挥各自的作用而设置的，主要布置在建立有大幅突变的部位，防止该部位产生过大的裂缝，引起结构的破坏。

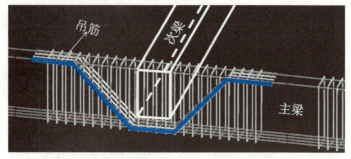

图 1-53 梁吊筋

1. 计算公式

如图 1-54 所示,梁吊筋长度计算公式为

吊筋长度＝次梁宽＋2×50＋2×(梁高－2×保护层厚度)/正弦 45°(60°)＋2×20d

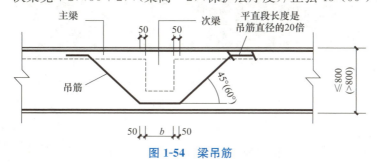

图 1-54 梁吊筋

注：吊筋夹角取值：梁高≤800 mm 取 45°，梁高＞800 mm 取 60°。

2. 梁吊筋的计算案例

【例 1-7】 设混凝土保护层厚度为 25 mm，钢筋定尺长度为 9 000 mm，绑扎搭接，求吊筋的长度(图 1-55)。

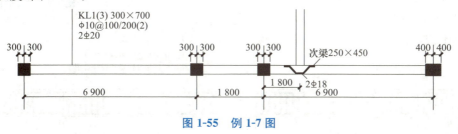

图 1-55 例 1-7 图

【解】 ⊥18 吊筋长度的计算过程见表 1-8。

表 1-8 ⊥18(吊筋)的计算过程

第一步	角度	根据 16G101—1 第 88 页，梁高 700 mm＜800 mm，吊筋的角度取为 45°
第二步	吊筋长度	吊筋长度＝20d＋斜长＋50＋次梁宽＋50＋斜长＋20d
		斜长＝(梁高－2×保护层厚度)/sin45°
		长度＝20×18×2＋(700－2×25)/sin45°×2＋100＋250＝2 908(mm)
第三步	吊筋根数	n＝2 根

★1.4.6 梁构件箍筋的计算★

箍筋在平法表示时,箍筋间距一般有加密区和非加密区之分,在计算箍筋根数时,要先计算出钢筋的加密区,梁的加密区在每一跨的两侧,中间为非加密区,支座内不设箍筋,第一根箍筋的位置距离支座边 50 mm(图 1-56)。

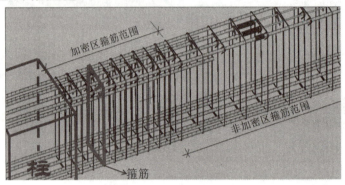

图 1-56 梁箍筋

1. 计算公式

(1)箍筋根数的计算(图 1-57、图 1-58)。

1)确定抗震框架梁箍筋布筋范围,查 16G101－1 第 88 页确定抗震框架梁箍筋的布筋范围。

2)计算箍筋的根数,其计算公式为

根数＝[(加密区长度－50)/加密区＋1]×2＋(非加密区长度/非加密间距－1)

(2)箍筋的单根长度计算公式。

按外皮计算:

箍筋长度＝[$(b-2c)+(h-2c)$]×2＋2max($10d$,75)＋$1.9d$×2

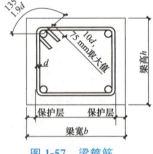

图 1-57 梁箍筋

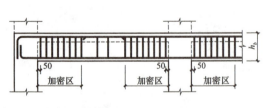

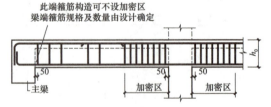

图 1-58 梁箍筋布筋情况

按中心线计算长度:

箍筋长度＝[$(b-2c-d)+(h-2c-d)$]×2＋2max($10d$,75)＋$1.9d$×2

按内皮计算长度：

箍筋长度＝[(b−2c−2d)+(h−2c−2d)]×2+2max(10d，75)+1.9d×2

2. 梁箍筋的计算案例

【**例 1-8**】 设混凝土保护层厚度为 25 mm，钢筋定尺长度为 9 000 mm，绑扎搭接，三级抗震，求箍筋的根数及单根长度(图 1-59)。

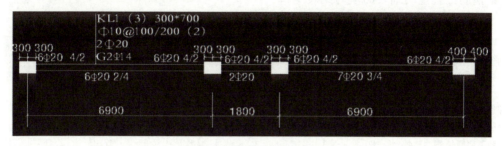

图 1-59　例 1-8 图

【**解**】 ɸ10 箍筋根数的计算过程见表 1-9。

表 1-9　ɸ10(箍筋)的计算过程

第一步	加密区长度	根据 16G101-1 第 88 页，加密区长度＝max($1.5h_b$，500) ＝max(1.5×700，500)＝1 050(mm)
第二步	箍筋根数	第一跨加密区根数＝[(加密区长度−50)/100+1]×2 ＝[(1 050−50)/100+1]×2＝22(根) 第一跨非加密区根数＝非加密区长度/200−1 ＝(6 300−1 050×2)/200−1＝20(根) 第二跨净长＝1 200＜1 050×2，故按加密区计算 第二跨加密区根数＝(1 200−50−50)/100+1＝12(根) 第三跨加密区根数＝[(加密区长度−50)/100+1]×2 ＝[(1 050−50)/100+1]×2＝22(根) 第三跨非加密区根数＝非加密区长度/200−1 ＝(6 200−1 050×2)/200−1＝20(根)
第三步	梁箍筋总根数	第一跨箍筋总数＋第二跨箍筋总数＋第三跨箍筋根数 ＝42+12+42＝96(根)
第四步	梁箍筋单根长度	单根长度＝[(b−2c)+(h−2c)]×2+2max(10d，75)+1.9d×2 ＝(300+700)×2−8×25+11.9×10×2 ＝2 038(mm)

★ **1.4.7 梁钢筋工程量汇总** ★

1. 手工计算的汇总技巧

(1)利用 Word 软件设计钢筋工程量明细表；

(2)以具体的构件为主线分类，按计算顺序分项；
(3)横向栏按相同的钢筋级别和直径归项计算；
(4)按相同的钢筋级别和直径汇总计算。

2. 汇总表的填写

梁钢筋工程量明细表的填写见表1-10。

表1-10 梁钢筋工程量明细表

构件名称KL1						构件数量1根		
筋号	级别	直径/mm	钢筋图形	单长	根数	总长/m	线密度	总质量/kg
上部通长筋(角筋)	⊕	20	左————右	17 355	2	3.47	2.466	8.56
第一跨下部通长筋	⊕	20		7 835	6	47.01	2.466	115.92
第二跨下部通长筋	⊕	20		2 520	2	5.04	2.466	12.43
第三跨下部通长筋	⊕	20		7 520	7	50.75	2.466	125.15
左端支座上排负筋	⊕	20		2 975	2	5.95	2.466	14.67
左端支座下排负筋	⊕	20		2 450	2	4.90	2.466	12.08
右端支座上排负筋	⊕	20		2 733	2	5.47	2.466	13.48
右端支座下排负筋	⊕	20		2 217	2	4.43	2.466	10.93
中间支座上排负筋	⊕	25		5 017	1	10.04	3.850	38.65
中间支座下排负筋	⊕	25		3 925	2	7.85	3.850	30.22
第一跨架立筋	⊕	16		2 400	2	4.80	1.578	7.57
第二跨架立筋	⊕	16		2 367	2	4.73	1.578	7.46
侧面钢筋	⊕	14		14 960	2	29.92	1.208	36.14
箍筋	Φ	10		2 038	96	195.84	0.617	120.83

梁钢筋工程量计算(拓展知识)

1.5 梁的钢筋计算(施工下料方向)

★1.5.1 钢筋翻样基础知识★

1. 钢筋量度差值

(1)常用概念,如图 1-60 所示。

1)外皮尺寸:结构施工图中所标注的钢筋尺寸,是指加工后的钢筋外轮廓尺寸。

2)内皮尺寸:在钢筋弯折处,沿着钢筋内侧衡量尺寸。钢筋弯曲半径,按内皮尺寸确定。

3)钢筋下料长度:即钢筋中心线的长度(施工下料尺寸)。

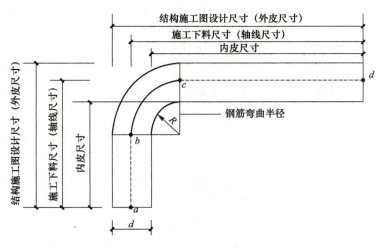

图 1-60 各种尺寸关系示意图

(2)钢筋弯曲半径。钢筋弯折的量度差值与钢筋弯曲角度、弯曲半径和钢筋直径有关。常用钢筋加工弯曲半径,见表 1-11。

表 1-11 常用钢筋加工弯曲半径 R

钢筋用途	钢筋加工弯曲半径 R	钢筋用途	钢筋加工弯曲半径 R
HPB300 箍筋、拉筋	$2.5d$,且>主筋直径/2	平法框架主筋直径 $d \leqslant 25$ mm	$R=4d$
HPB300 主筋、腰筋	$\geqslant 1.5d$	平法框架主筋直径 $d > 25$ mm	$R=6d$
HRB335 主筋	$\geqslant 2d$	平法框架顶层节点主筋直径 $d \leqslant 25$ mm	$R=6d$
HRB400 主筋	$\geqslant 2.5d$	平法框架顶层节点主筋直径 $d > 25$ mm	$R=8d$

(3)外皮差值。钢筋外皮尺寸之和与钢筋中心线的长度差值,称为外皮差值。

外皮差值通常用于受力主筋弯曲加工下料计算。常用钢筋弯曲外皮尺寸差值见表 1-12。

表 1-12　钢筋弯曲外皮尺寸差值表

弯曲角度	箍筋 $R=2.5d$	HPB300 主筋 $R=1.25d$	平法框架主筋			HRB335 主筋 $R=2d$	HRB400 主筋 $R=2.5d$
			$R=4d$	$R=6d$	$R=8d$		
30°	0.305d	0.290d	0.323d	0.348d	0.373d	0.299d	0.305d
45°	0.543d	0.490d	0.608d	0.694d	0.780d	0.522d	0.543d
60°	0.900d	0.765d	1.061d	1.276d	1.491d	0.846d	0.900d
90°	2.288d	1.751d	2.931d	3.790d	4.648d	2.073d	2.288d
135°	2.831d	2.240d	3.539d	4.484d	5.428d	2.595d	2.831d
180°	4.576d	3.502d				4.146d	4.576d

注：1. 平法框架主筋 $d\leqslant 25$ mm 时，$R=4d(6d)$；$d>25$ mm 时，$R=6d(8d)$。括号内为顶层边节点点要求；
　　2. 弯曲角度 $R=2.5d$ 常用于箍筋和拉筋；
　　3. 弯曲角度 $R=1.75d$ 常用于轻集料中 HPB300 级主筋。

(4) 内皮差值。钢筋内皮尺寸之和与钢筋中心线的长度差值，称为内皮差值。内皮差值随角度的不同，可能是正值也可能是负值。

计算箍筋和拉筋下料长度通常用内皮尺寸比较方便。常用钢筋弯曲内皮差值见表 1-13。

表 1-13　钢筋弯曲内皮尺寸差值表

弯曲角度	30°	45°	60°	90°	135°	180°
HPB300 级箍筋或拉筋，$R=2.5d$	−0.231d	−0.285d	−0.255d	−0.288d	−0.003d	0.576d

(5) 弯钩增加长度。为了增加钢筋与混凝土之间的黏聚力，钢筋弯折后还要有一定的锚固长度，此段长度加量度差值，称之为弯钩增加值，见表 1-14。

表 1-14　钢弯钩增加长度

弯曲角度	45°	90°	180°
弯钩增加长度	4.9d	3.5d	6.25d

2. 钢筋下料长度计算公式

(1) 纵筋下料长度计算公式。

纵筋下料长度 = 梁全长 $-2\times(c+d_g+d_z)+2\times 15d-2\times 90°$ 弯曲值 $+2\times 180°$ 弯钩增加值

式中　c——保护层厚度；

d_g——箍筋直径；

d_z——梁角筋直径。

(2)箍筋下料长度计算公式。工程箍筋端部的弯钩形式有：90°/180°、90°/90°、135°/135°。其中，135°/135°端部弯钩形式最常见，箍筋下料长度计算公式见表1-15。

表1-15 各种箍筋下料长度计算公式

钢筋种类	箍筋平直段长度	箍筋下料长度计算公式	箍筋直径 d
抗震箍筋	$10d>75$ mm	$2×[(h+b)-4c]+2×(10d+0.273d)$	8，10，…
	$10d≤75$ mm	$2×[(h+b)-4c]+2×75+2×0.273d$	6，6.5，…
非抗震箍筋	$5d$	$2×[(h+b)-4c]+10d+0.273d$	

注：H、b 为构件截面尺寸。

(3)拉筋下料长度计算公式。拉筋紧靠纵向钢筋并钩住箍筋，拉筋下料长度计算公式见表1-16。

表1-16 拉筋下料长度计算公式

钢筋种类	箍筋平直段长度	箍筋下料长度计算公式	箍筋直径 d
抗震箍筋	$10d>75$ mm	$b-2c+2×(10d+4.586d)$	8，10，…
	$10d≤75$ mm	$b-2c+2×(75+4.586d)$	6，6.5，…
非抗震箍筋	$5d$	$b-2c+10d+2×4.586d$	

★1.5.2 钢筋翻样实操案例★

【例1-9】 以图1-61所示某办公楼梁平法施工图中KL1为例进行钢筋长度计算。

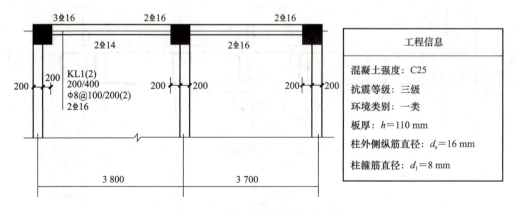

图1-61 某办公楼梁平法施工图

关键部位钢筋长度计算表见表1-17。

表 1-17 关键部位钢筋长度计算表

关键部位		计算过程/mm	分析
第一跨	左支座负筋锚固	$\geq 0.4 l_{abE} = 0.4 \times 42 \times 16 = 269$ $\leq h_c - c_c - d_g - d_z - 25 = 400 - 25 - 8 - 16 - 25 = 326$ 弯折 $15d = 15 \times 16 = 240$	满足要求,参见 16G101—1
	左支座负筋深入梁内	$l_{n1}/3 = 3\,200/3 = 1\,067$	
	下部左支座锚固	$\geq 0.4 l_{abE} = 0.4 \times 42 \times 14 = 236$ $\leq h_c - c_c - d_g - d_z - 25 = 400 - 25 - 8 - 16 - 25 = 326$ 弯折 $15d = 15 \times 16 = 240$	
	下部右支座锚固	$l_{abE} = 42 \times 14 = 588$(取) $\geq 0.5 h_c + 5d = 0.5 \times 400 + 5 \times 14 = 270$	参见 16G101—1
第二跨	上部通长筋右支座锚固	$\geq 0.4 l_{abE} = 0.4 \times 42 \times 16 = 269$ $\leq h_c - c_c - d_g - d_z - 25 = 400 - 25 - 8 - 16 - 25 = 326$ 弯折 $15d = 15 \times 16 = 240$	满足要求,参见 16G101—1
	下部左支座锚固	$\geq l_{abE} = 42 \times 16 = 672$(取) $\geq 0.5 h_c + 5d = 0.5 \times 400 + 5 \times 16 = 280$	参见 16G101—1
	下部右支座锚固	$\geq 0.4 l_{abE} = 0.4 \times 42 \times 16 = 269$ $\leq h_c - c_c - d_g - d_z - 25 = 400 - 25 - 8 - 16 - 25 = 326$ 弯折 $15d = 15 \times 16 = 240$	满足要求,参见 16G101—1
箍筋加密区		$1.5 h_b = 1.5 \times 400 = 600 > 500$,包括箍筋起步距离 50,实取 650	

通过 KL1 平法施工图,绘制立面钢筋排布图如图 1-62 所示,绘制截面钢筋排布图如图 1-63 所示。

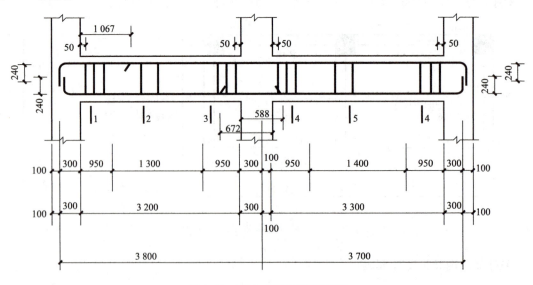

图 1-62　KL1 立面钢筋排布图

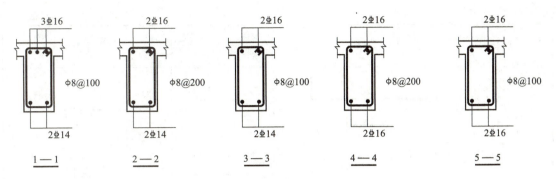

图 1-63　KL1 截面钢筋排布图

梁钢筋下料长度计算表和下料单分别见表 1-18 和表 1-19。

表 1-18　梁钢筋下料长度计算表

钢筋名称	编号	钢筋规格	下料长度/m	根数	总长/m
上部通长筋	①	$\Phi 16$	$L=3.8+3.7-0.3-0.3+(0.326+0.24)\times 2-2\times 2.931\times 0.016$ $=7.939$	2	15.878
第一跨左负筋	②	$\Phi 16$	$L=0.326+0.24+1.067-2.931\times 0.016=1.586$	1	1.586
第一跨下部筋	③	$\Phi 14$	$L=0.326+0.21+3.8-0.3-0.3+0.588-2.931\times 0.014=4.283$	2	8.566
第二跨下部筋	④	$\Phi 16$	$L=0.326+0.24+3.7-0.1-0.3+0.672-2.931\times 0.016=4.492$	2	8.984
箍筋	⑤	$\Phi 8$	$L=2\times[(0.2+0.4)-4\times 0.025]+20.273\times 0.008$ $=1.163$ $N=(650\div 100+1)\times 4+(3\,800-300-300-650-650)\div 200-1+$ $(3\,700-100-300-650-650)\div 200-1$ $=47.5(根)$ 取 48 根	48	55.824

表 1-19　梁钢筋下料单

构件名称	编号	简图	钢筋规格	下料长度/mm	合计根数	质量/kg	备注
KL1	①	240　7 552　240	$\Phi 16$	7 939	2	25.06	上部通长筋
	②	240　1 393	$\Phi 16$	1 586	1	2.51	第一跨左负筋
	③	210　4 114	$\Phi 14$	4 283	2	10.35	第一跨下部筋

续表

构件名称	编号	简图	钢筋规格	下料长度/mm	合计根数	质量/kg	备注
KL1	④	4 299 — 240	$\Phi 16$	4 492	2	14.18	第二跨下部筋
	⑤	350 × 150	$\phi 8$	1 163	48	22.06	箍筋
质量合计：$\Phi 14$：10.35 kg；$\Phi 16$：41.75 kg；$\phi 8$：22.06 kg							

本章总结

通过本单元的学习，要求掌握以下内容：

1. 梁结构施工图中平面注写方式与截面注写方式所表达的内容。

2. 梁标准构造详图中通长筋、支座负筋、腰筋、拉筋等的构造要求及箍筋加密区的构造规定。

3. 能够准确计算梁上部通长筋、下部通长筋、支座负筋、架立筋、梁侧构造筋、梁侧受扭筋、拉筋、箍筋等钢筋的长度。

4. 熟悉梁上部通长筋、下部通长筋、支座负筋、架立筋、梁侧构造筋、梁侧受扭筋、拉筋、箍筋等钢筋的下料长度计算。

案例实训

1. 根据二维扫码附图计算 KL1、KL2、…、KL7 钢筋的预算长度，并绘制钢筋工程量明细表。

2. 根据二维扫码附图计算 KL1、KL2、…、KL7 钢筋的下料长度，并绘制钢筋施工下料清单。

技能应用

单元2　柱平法识图与钢筋计算

学习情境描述

通过本单元的学习，进一步熟悉16G101图集的相关内容；掌握柱结构施工图中列表注写方式与截面注写方式所表达的内容；掌握柱标准构造详图中基础插筋、首层纵筋、中间层纵筋、顶层纵筋、箍筋加密区和非加密区构造规定；能够准确计算各种类型钢筋的长度。

柱构件钢筋

教学要求

能力目标	知识要点	相关知识	权重
能够熟练地应用柱的平法制图规则和钢筋构造详图知识识读柱的平法施工图	集中标注、原位标注、锚固长度、搭接长度、箍筋加密区	钢筋种类、混凝土强度等级、抗震等级、受拉钢筋基本锚固长度、环境类别、施工图的阅读等	0.7
能够熟练地计算各种类型钢筋的长度	构件净长度、锚固长度、搭接长度、钢筋保护层、钢筋弯钩增加值	与钢筋计算相关的消耗量定额规定、施工图的阅读、钢筋的线密度等	0.3

2.1　柱构件的分类

1. 框架柱(KZ)

框架柱是指在框架结构中承受梁和板传来的荷载，并将荷载传递给基础的柱，是主要的竖向受力构件，需要计算配筋，如图2-1所示。

2. 转换柱(ZHZ)

支撑框支梁的柱即转换柱。一般来讲，当上部结构中有些墙(柱)不能落地时，需要用一定的结构构件来支承上部的墙(柱)，如果这个构件用的是梁，那么这根梁就是框支梁。

3. 芯柱(XZ)

芯柱是指在框架柱截面中三分之一左右的核心部位配置附加纵向钢筋及箍筋而形成的内部加强区域。在周期反复水平荷载作用下，这种柱具有良好的延性和耗能能力，如图2-2所示。

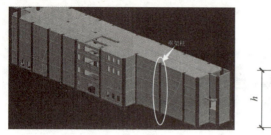

图 2-1 楼层框架柱、屋面框架柱

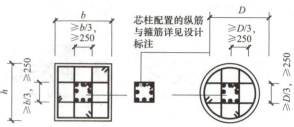

图 2-2 芯柱示意图

4. 梁上柱(LZ)

由于某些原因,建筑物的底部没有柱子,到了某一层后又需要设置柱子,那么柱子只能从下一层的梁上生根了,这就是梁上柱,如图 2-3 所示。

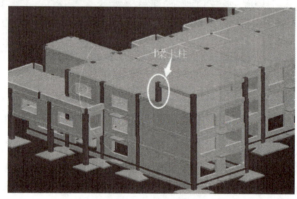

图 2-3 梁上柱示意图

5. 剪力墙上柱(QZ)

在剪力墙上生根的柱子,就是剪力墙上柱。

上部结构的荷载通过柱子传到下面它所在的剪力墙上,然后剪力墙再将荷载分散给下层的承重墙或柱,最后传递给建筑物的基础。

剪力墙上柱的根部标高为墙顶面标高,如图 2-4 所示。

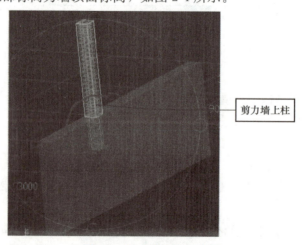

图 2-4 剪力墙上柱示意图

为了标注方便,《混凝土结构施工图平面整体表示方法制图规则和构造详图(现浇混凝土框架剪力墙、梁、板)》(16G101-1)对各种类型的柱,规定了它们的构件代号,见表2-1。

表 2-1 柱构件代号表

构件名称	构件代号	构件名称	构件代号
框架柱	KZ	梁上柱	LZ
转换柱	ZHZ	剪力墙上柱	QZ
芯柱	XZ		

2.2 柱钢筋的分类

★2.2.1 按纵向分类★

1. 基础插筋

基础插筋是指在浇筑基础前,根据柱子纵向钢筋的尺寸、数量将一段钢筋事先埋入基础内,插筋的根数、尺寸应与柱子纵向钢筋保持一致,如图 2-5 所示。

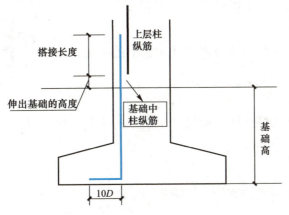

图 2-5 柱基础插筋示意图

2. 首层纵筋

柱在首层内的纵向钢筋,承受轴向压力,如图 2-6 所示。

3. 中间层纵筋

柱在中间层内的纵向钢筋,承受轴向压力,如图 2-6 所示。

4. 顶层纵筋

柱在顶层内的纵向钢筋,承受轴向压力,如图 2-6 所示。

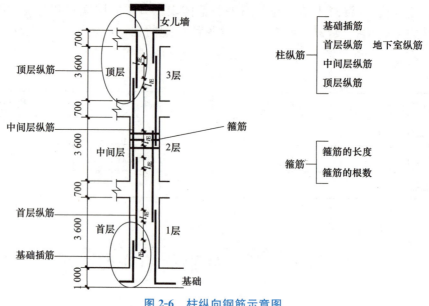

图 2-6 柱纵向钢筋示意图

★2.2.2 按断面分类★

1. 角筋

角筋是柱子的角部或者墙体的转角处铺设的钢筋,其作用是分散转移荷载,如图 2-7 所示。

2. b 边一侧中部筋

b 边一侧中部筋指在框架柱截面尺寸 b 边上的主筋,如图 2-7 所示。

3. h 边一侧中部筋

h 边一侧中部筋指在框架柱截面尺寸 h 边上的主筋,如图 2-7 所示。

4. 箍筋

为了固定柱纵筋而设置的钢筋,如图 2-7 所示。

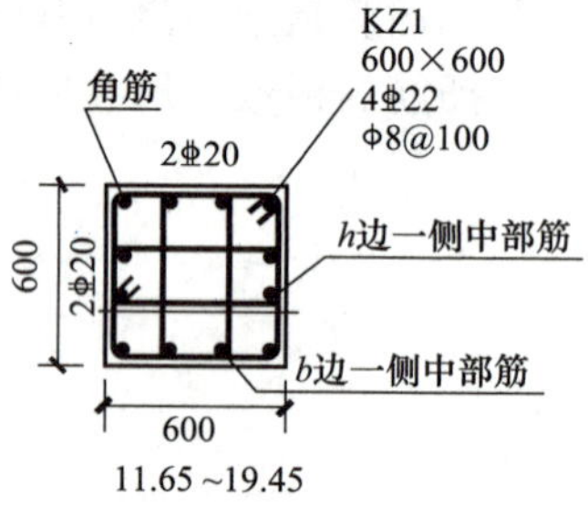

图 2-7 柱截面钢筋示意图

2.3 柱的平法识图

★2.3.1 柱构件的截面注写★

柱平法施工图的表示方法有两种,分别是截面注写方式及列表注写方式。截面注写包括集中标注和原位标注两种注写方法,如图 2-8 所示。

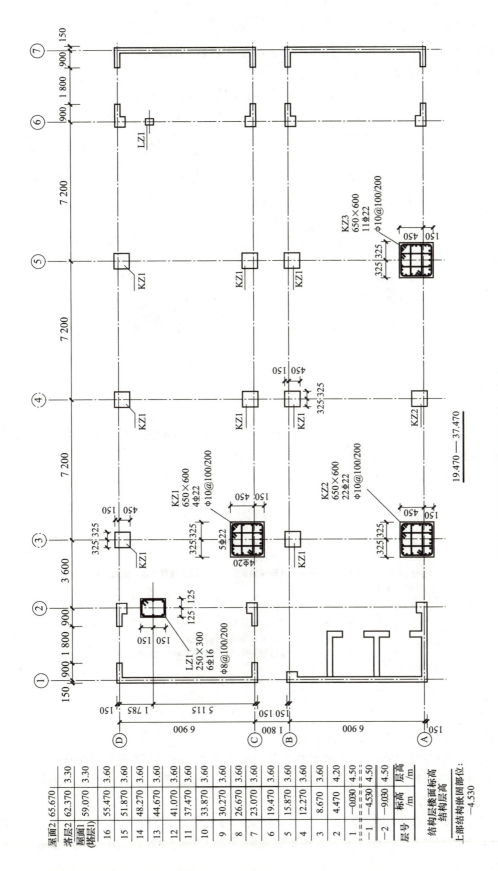

图2-8 柱平法施工图的截面注写方式

1. 柱构件的集中标注

在截面注写方式中，柱的分段截面尺寸和配筋均相同，仅截面与轴线关系不同时，可将其编为同一柱号，如图 2-9 所示。

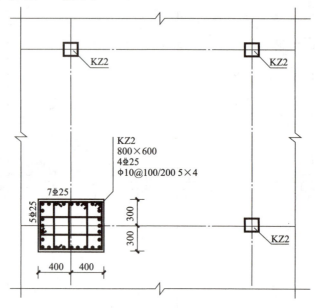

图 2-9　矩形柱截面标注示意图

（1）集中标注的内容。柱集中标注的内容包括：柱类型及编号；柱截面尺寸；柱纵筋信息；柱箍筋信息等，如图 2-10 所示。

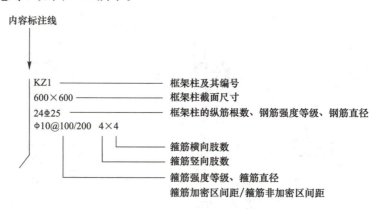

图 2-10　矩形柱集中标注内容

如图 2-10 所示：

集中标注的第一行 KZ1：1 号框架柱；

集中标注的第二行 600×600：框架柱的截面宽为 600 mm，截面高为 600 mm；

集中标注的第三行 24⏀25：框架柱的纵筋共 24 根，钢筋等级为 HRB400，钢筋直径为 25 mm；

集中标注的第四行 Φ10@100/200 4×4：框架柱箍筋信息，钢筋等级为 HPB300，直径为 10 mm，加密区间距为 100 mm，非加密区间距为 200 mm，4×4 肢箍。

(2)柱截面尺寸的规定。框架柱的截面尺寸分为截面宽 b 和截面高 h，如图 2-11 所示。

X 方向柱的截面尺寸为截面宽，用 b 表示，$b=b_1+b_2$；Y 方向柱的截面尺寸为截面高，用 h 表示，$h=h_1+h_2$。

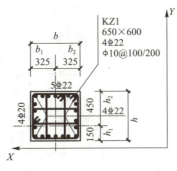

图 2-11　矩形柱截面注写详图

(3)柱箍筋肢数的规定。根据 16G101 规定，柱箍筋肢数沿 X 方向箍筋肢数 4 写在前面，沿 Y 方向箍筋肢数 4 写在后面，如图 2-11 所示，则箍筋肢数为 4×4 肢箍。

2. 柱构件的原位标注

(1)柱原位标注解读。如图 2-11 所示，KZ1 的截面宽 $b=b_1+b_2=650$ mm；截面高 $h=h_1+h_2=600$ mm；b 边一侧中部钢筋信息为 5⌀22，h 边一侧中部钢筋为 4⌀20。

(2)柱原位标注注意事项。

1)如果柱纵筋直径及钢筋级别相同，可以注写纵筋总数，如图 2-12 所示。

2)如果纵筋直径及钢筋级别不同，线引出注写角筋，然后各边再注写其纵筋，如果是对称配筋，则在对称的两边中，只注写其中一边即可，如图 2-13 所示。

3)如果是非对称配筋，则每边注写实际的纵筋，如图 2-14 所示。

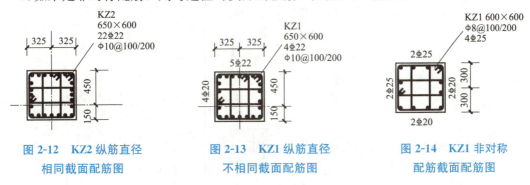

图 2-12　KZ2 纵筋直径相同截面配筋图　　图 2-13　KZ1 纵筋直径不相同截面配筋图　　图 2-14　KZ1 非对称配筋截面配筋图

★2.3.2　柱构件的列表注写★

1. 列表注写方式

列表注写方式是在柱平面布置图上，分别在同一编号的柱中选择一个(有时需要选择几个)截面标注几何参数代号；在柱表中注写柱编号、柱段起止标高、几何尺寸(含柱截面对轴线的偏心情况)与配筋的具体数值，并配以各种柱截面形状及其箍筋类型图的方式来表达柱平法施工图，如图 2-15 所示。

层号	标高/m	层高/m
屋面2	65.670	
塔层2	62.370	3.30
屋面1(塔层1)	59.070	3.30
16	55.470	3.60
15	51.870	3.60
14	48.270	3.60
13	44.670	3.60
12	41.070	3.60
11	37.470	3.60
10	33.870	3.60
9	30.270	3.60
8	26.670	3.60
7	23.070	3.60
6	19.470	3.60
5	15.870	3.60
4	12.270	3.60
3	8.670	3.60
2	4.470	4.20
1	−0.030	4.50
−1	−4.530	4.50
−2	−9.030	4.50

结构层楼面标高
结构层高

上部结构嵌固部位：−4.530

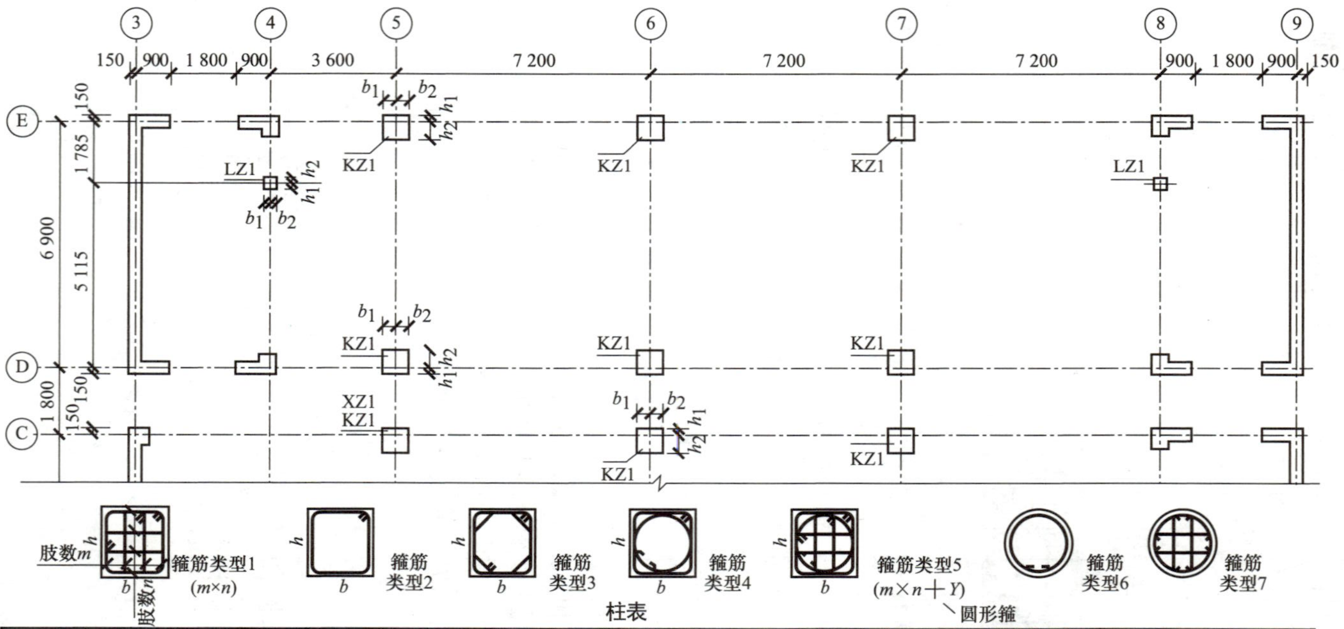

柱表

柱号	标高	b×h(圆柱直径D)	b_1	b_2	h_1	h_2	全部纵筋	角筋	b边一侧中部筋	h边一侧中部筋	箍筋类型号	箍筋	备注
KZ1	−4.530～−0.030	750×700	375	375	150	550	28⌀25				1(6×6)	Φ10@100/200	—
	−0.030～19.470	750×700	375	375	150	550	24⌀25				1(5×4)	Φ10@100/200	
	19.470～37.470	650×600	325	325	150	450		4⌀22	5⌀22	4⌀20	1(4×4)	Φ10@100/200	
	37.470～59.070	550×500	275	275	150	350		4⌀22	5⌀22	4⌀20	1(4×4)	Φ8@100/200	
XZ1	−4.530～8.670						8⌀25				按标准构造详图	Φ10@100	③×Ⓑ轴KZ1中设置

−4. 530～59. 070柱平法施工图（局部）

图 2-15　柱平法施工图列表注写方式

2. 列表注写的内容

(1)第一列表示"柱号":如图 2-15 所示,列表的信息是 KZ1。

(2)第二列表示柱的起止标高:如图 2-15 所示,根据起止标高,把 KZ1 分为三段。

(3)第三列表示柱的截面尺寸:如图 2-15 所示,在标高 $-0.030 \sim 19.470$ 柱截面宽 $b=750$ mm,柱截面高 $h=700$ mm。

(4)第四~七列的分项表示柱截面尺寸:如图 2-15 所示,$b=b_1+b_2=375+375$,$h=h_1+h_2=150+550$。

(5)第八列表示柱全部纵筋的信息:如图 2-15 所示,柱在起止标高为 $-0.030 \sim 19.470$ 的全部纵筋为 24Φ25。

(6)第九~十一列为分项表示柱纵筋信息:如图 2-15 所示,柱在起止标高为 $19.470 \sim 37.470$ 的角筋信息为 4Φ22,b 边一侧中部筋为 5Φ22,h 边一侧中部筋为 4Φ20。

(7)第十二~十三列表示箍筋信息:如图 2-15 所示,柱在起止标高为 $-4.030 \sim 19.470$ 的箍筋信息为 Φ10@100/200(5×4)。

2.4 柱的钢筋计算(造价咨询方向)

★2.4.1 柱基础插筋的计算★

1. 基础插筋的基础知识

(1)基础插筋概念。一般基础和柱子是分开施工的,这时候柱子的钢筋如果直接留到基础里,不方便上面柱子的施工,所以就甩出来一段钢筋用于柱子的钢筋搭接,大小和根数应该与柱子相同,如图 2-16 和图 2-17 所示。

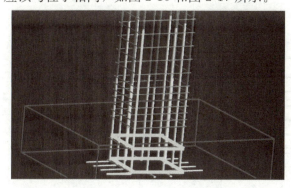

图 2-16 基础插筋立体布筋

图 2-17 基础插筋施工现场图

(2)嵌固部位的确定。从结构力学上讲,对于上部建筑来说,结构嵌固部位标高以下可以视作基础,结构是嵌固在这个标高上的,如图 2-18 所示。

嵌固部位确定一般遵循以下原则:

1)无地下室时,嵌固部位一般在基础顶面。

2)有地下室时,根据具体情况由设计指定嵌固部位。

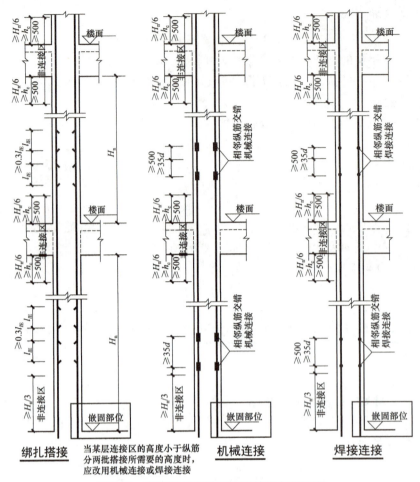

图 2-18 嵌固部位在基础顶面的纵向剖面图

2. 基础插筋的节点详图及计算公式

（1）基础插筋在基础中锚固构造（一）（$h_j > l_{aE}$），如图 2-19 所示。

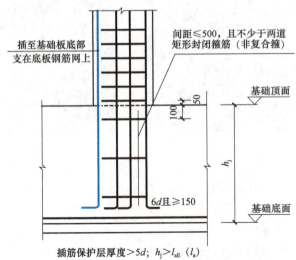

图 2-19 柱插筋在基础中锚固构造（一）

基础插筋＝h_j－保护层厚度＋$\max(6d,150)$＋非连接区 $H_n/3+l_{lE}$

式中　h_j——为基础底面至基础顶面的高度；

　　　H_n——为本结构层柱柱净高。

(2) 基础插筋在基础中锚固构造（二）（$h_j \leqslant l_{aE}$），如图2-20所示。

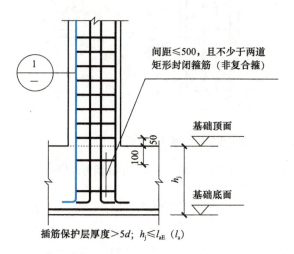

图2-20　柱插筋在基础中锚固构造（二）

基础插筋＝h_j－保护层厚度＋$15d$＋非连接区 $H_n/3+l_{lE}$

(3) 基础插筋在基础中锚固构造（三）。当外侧插筋保护层厚度≤$5d$，$h_j > l_{aE}$时，如图2-21所示。

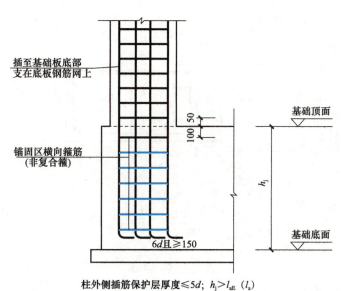

图2-21　柱插筋在基础中锚固构造（三）

基础插筋＝h_j－保护层厚度＋$\max(6d,150)$＋非连接区 $H_n/3+l_{lE}$

(4) 基础插筋在基础中锚固构造（四）。当外侧插筋保护层厚度≤$5d$，$h_j \leqslant l_{aE}$时，如图2-22所示。

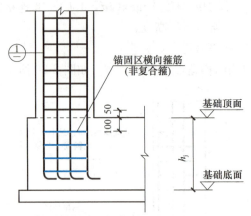

图 2-22 柱插筋在基础中锚固构造（四）

基础插筋＝h_j－保护层厚度＋15d＋非连接区 $H_n/3+l_{lE}$

3. 基础插筋计算案例

【例 2-1】 求某大楼柱基础插筋的长度（图 2-23），相关资料见表 2-2。

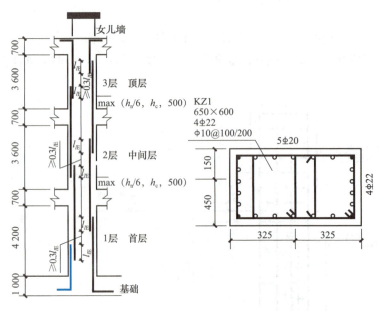

图 2-23 例 2-1 图

表 2-2 例 2-1 表

混凝土强度	基础保护层/mm	抗震等级	定尺长度/mm	连接方式
C30	40	一级	9 000	绑扎

【解】 ⊕22 基础插筋的计算过程见表 2-3。

表 2-3　Ф22 基础插筋的计算过程

第一步	查表计算 l_{aE}	$l_{aE}=33d=33×22=726(mm)$
第二步	搭接长度	搭接长度 $l_{lE}=46d=46×22=1\,012(mm)$
第三步	h_j 与 l_{aE} 大小	竖直长度 $h_j=1\,000$ mm
		因为 $h_j>l_{aE}$
第四步	基础插筋长度	柱基础插筋长度＝竖直长度＋max(6d, 150)＋$H_{n1}/3$＋l_{lE} ＝960＋150＋4 200/3＋1 012＝3 522(mm)
第五步	根数	基础插筋根数 $n_j=12$ 根

Ф20 基础插筋的计算过程见表 2-4。

表 2-4　Ф20 基础插筋的计算过程

第一步	查表计算	查表计算抗震的锚固长度 $l_{aE}=33d=33×20=660(mm)$
第二步	搭接长度	搭接长度 $l_{lE}=46d=46×20=920(mm)$
第三步	h_j 与 l_{aE} 大小	竖直长度 $h_j=1\,000$ mm
		因为 $h_j>l_{aE}$
第四步	基础插筋长度	柱基础插筋长度＝竖直长度＋max(6d, 150)＋$H_{n1}/3$＋l_{lE} ＝960＋150＋4 200/3＋920＝3 430(mm)
第五步	根数	基础插筋根数 $n_j=10$ 根

★2.4.2　柱首层纵筋的计算★

1. 首层纵筋的节点详图及计算公式

无地下室时，在平法施工图中，首层的结构层高是从基础顶面到二层的楼地面之间的高度，如图 2-24 所示。

纵筋长度＝首层结构层高－首层非连接区 max($H_{n1}/3$, h_c, 500)＋max($H_{n2}/6$, h_c, 500)＋搭接长度 l_{lE}

式中　H_{n1}——首层的结构柱净高；
　　　H_{n2}——上一层的结构柱净高。

2. 首层纵筋计算案例

【例 2-2】　求某大楼的首层柱纵筋（图 2-23），相关资料见表 2-5。

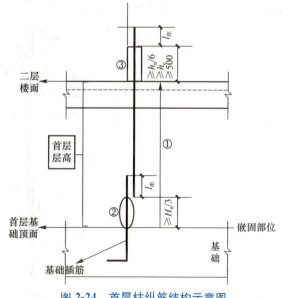

图 2-24　首层柱纵筋结构示意图

表 2-5 例 2-2 表

净高/mm	梁高/mm	混凝土强度	保护层/mm	抗震等级	定尺长度/mm	连接方式
4 200	700	C30	25	一级	9 000	绑扎

【解】 ⊈22 首层柱纵筋的计算过程见表 2-6，⊈20 首层柱纵筋的计算过程见表 2-7。

表 2-6 ⊈22 首层柱纵筋的计算过程

第一步	查表计算 l_{aE}	$l_{aE}=33d=33×22=726(mm)$
第二步	搭接长度	$l_{lE}=46d=46×22=1\ 012(mm)$
第三步	纵筋长度	纵筋长度＝首层结构柱层高－$\max(H_{n1}/3,\ h_c,\ 500)+\max(H_{n2}/6,\ h_c,\ 500)+l_{lE}$
		＝4 200＋700－4 200/3＋max(3 600/6, 650, 500)＋1 012＝5 162(mm)
第四步	首层纵筋根数	首层纵筋根数 $n_1=12$ 根

表 2-7 ⊈20 首层柱纵筋的计算过程

第一步	查表计算 l_{aE}	$l_{aE}=33d=33×20=660(mm)$
第二步	搭接长度	$l_{lE}=46d=46×20=920(mm)$
第三步	纵筋长度	纵筋长度＝首层结构柱层高－$\max(H_{n1}/3,\ h_c,\ 500)+\max(H_{n2}/6,\ h_c,\ 500)+l_{lE}$
		＝4 200＋700－4 200/3＋max(3 600/6, 650, 500)＋920＝5 070(mm)
第四步	首层纵筋根数	首层纵筋根数 $n_1=10$ 根

★2.4.3 柱中间层纵筋的计算★

1. 中间层纵筋的节点详图及计算公式

在平法施工图中，中间层的结构层高是从本层地面到上一层楼地面之间的高度。结构净高由本层层高减去本层梁高，如图 2-25 所示。

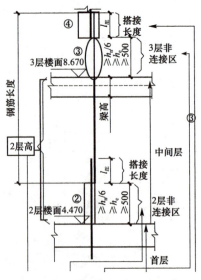

图 2-25 中间层柱纵筋结构示意图

2. 中间层纵筋计算案例

【例 2-3】 求某大楼的中间层柱纵筋(图 2-23),相关资料见表 2-8。

表 2-8 例 2-3 表

净高/mm	梁高/mm	混凝土强度	保护层/mm	抗震等级	定尺长度/mm	连接方式
3 600	700	C30	25	一级	9 000	绑扎

【解】 ⊥22 中间层柱纵筋的计算过程见表 2-9,⊥20 中间层柱纵筋的计算过程见表 2-10。

表 2-9 ⊥22 中间层柱纵筋的计算过程

第一步	查表计算 l_{aE}	$l_{aE}=33d=33\times22=726(\text{mm})$
第二步	搭接长度	$l_{lE}=46d=46\times22=1\,012(\text{mm})$
第三步	纵筋长度	纵筋长度=中间层层高$-\max(H_n/6,\ h_c,\ 500)+\max(H_{n+1}/6,\ h_c,\ 500)+l_{lE}$
		$=3\,600+700-\max(3\,600/6,\ 650,\ 500)+\max(3\,600/6,\ 650,\ 500)+1\,012=5\,312(\text{mm})$
第四步	中间层 纵筋根数	中间层纵筋根数 $n_2=12$ 根

表 2-10 ⊥20 中间层柱纵筋的计算过程

第一步	查表计算 l_{aE}	$l_{aE}=33d=33\times20=660(\text{mm})$
第二步	搭接长度	$l_{lE}=46d=46\times20=920(\text{mm})$
第三步	纵筋长度	纵筋长度=中间层层高$-\max(H_{n2}/6,\ h_c,\ 500)+\max(H_{n3}/6,\ h_c,\ 500)+l_{lE}$
		$=3\,600+700-\max(3\,600/6,\ 650,\ 500)+\max(3\,600/6,\ 650,\ 500)+920=5\,220(\text{mm})$
第四步	中间层 纵筋根数	中间层纵筋根数 $n_2=10$ 根

★2.4.4 柱顶层纵筋的计算★

1. 边角柱顶层纵筋的计算原理

顶层柱可分为边柱、角柱和中柱。根据锚固长度的不同可分为边角柱和中柱两大类。其中边角柱共有①、②、③、④、⑤五种不同的节点。

(1)边角柱①型节点计算原理及公式。外侧钢筋不小于梁上部钢筋时,可以弯入梁内作为梁上部纵筋,内侧钢筋参考中柱柱顶钢筋,如图 2-26 所示。

外侧纵筋长度=顶层层高-顶层非连接区-保护层厚度+弯入梁内的长度

(2)边角柱②型节点计算原理及公式。外侧钢筋从梁底开始深入梁内的长度为$\geqslant 1.5l_{abE}$,超过了柱内侧边缘线。当配筋率>1.2%时,钢筋分两批截断,长的部分多加$20d$(内侧钢筋参考中柱柱顶钢筋),如图 2-27 所示。

外侧钢筋长度=顶层层高-顶层非连接区-梁高+$1.5l_{abE}$

(3)边角柱③型节点计算原理及公式。外侧钢筋从梁底开始深入梁内的长度为≥

$1.5l_{abE}$，未超过柱内侧边缘线。当配筋率＞1.2%时，钢筋分两批截断，长的部分多加$20d$，内侧钢筋参考中柱柱顶钢筋，如图2-28所示。

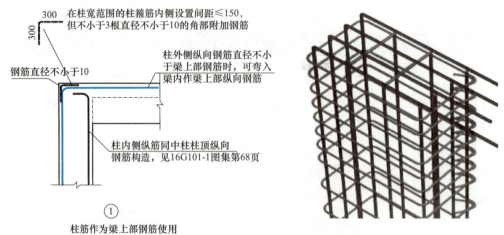

图2-26　边角柱①型节点

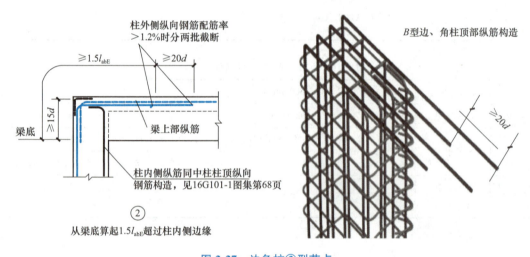

图2-27　边角柱②型节点

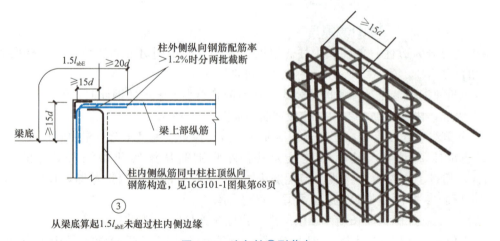

图2-28　边角柱③型节点

外侧纵筋长度＝顶层层高－顶层非连接区－梁高＋max(1.5锚固长,梁高－保护层厚度)＋15d

(4)边角柱④型节点计算原理及公式。柱顶第一层伸至柱内边向下弯折8d，第二层钢筋伸至柱内边(内侧钢筋同中柱)，如图2-29所示。

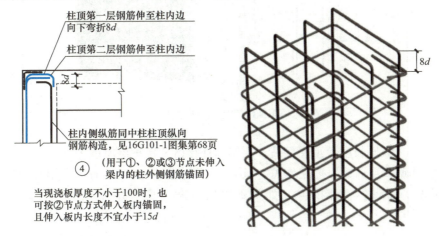

图2-29　边角柱④型节点

外侧纵筋长度＝顶层层高－顶层非连接区－保护层厚度＋(柱宽×2c)＋8d

(5)边角柱⑤型节点计算原理及公式。梁上部纵筋锚入柱内$1.7l_{abE}$，当配筋率＞1.2%时，钢筋分两批截断，第二批再加20d(当梁高－保护层厚度≥l_{aE}时，可不弯折12d)，如图2-30所示。

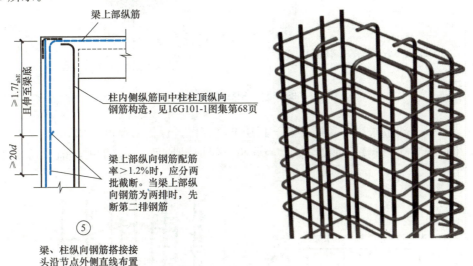

图2-30　边角柱⑤型节点

内侧纵筋长度＝顶层层高－顶层非连接区－保护层厚度＋12d

2. 中柱顶层纵筋的计算原理

中柱柱顶共有①、②、③、④四种不同的节点。

(1)中柱①型节点计算原理及公式。当梁高－保护层厚度＜l_{aE}时，采用弯锚形式，当板厚小于100 mm时，弯钩内弯，如图2-31所示。

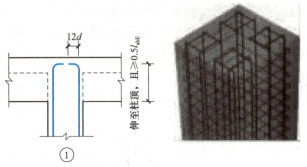

图 2-31 中柱①型节点

纵筋长度＝顶层层高－顶层非连接区－保护层厚度＋12d

（2）中柱②型节点计算原理及公式。当梁高－保护层厚度＜l_{aE}时，采用弯锚形式，当板厚大于等于 100 mm 时，弯钩外弯，如图 2-32 所示。

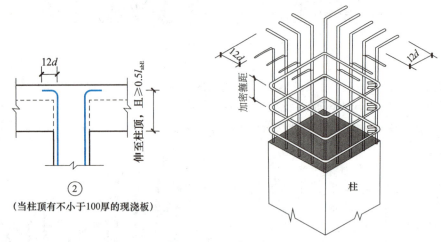

图 2-32 中柱②型节点

纵筋长度＝顶层层高－顶层非连接区－保护层厚度＋12d

（3）中柱③型节点计算原理及公式。当梁高－保护层厚度≥l_{aE}，采用直锚形式，如图 2-33 所示。

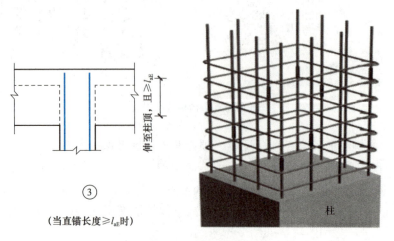

图 2-33 中柱③型节点

纵筋长度＝顶层层高－顶层非连接区－梁高＋锚固长

（4）中柱④型节点计算原理及公式。当梁高－保护层厚度≥l_{aE}时，采用直锚形式，并且为了更加牢固，加装了锚板（锚板的工程量忽略不计），如图 2-34 所示。

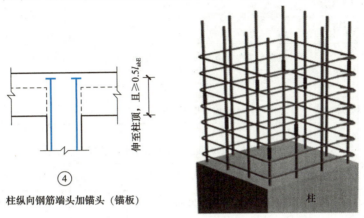

图 2-34　中柱④型节点

纵筋长度＝顶层层高－顶层非连接区－梁高＋锚固长

注：非连接区＝max($H_n/6$, h_c, 500)，锚固长＝梁高－保护层厚度。

3. 顶层柱纵筋计算案例

【例 2-4】　求某大楼的顶层中柱纵筋（图 2-35），相关资料见表 2-11。

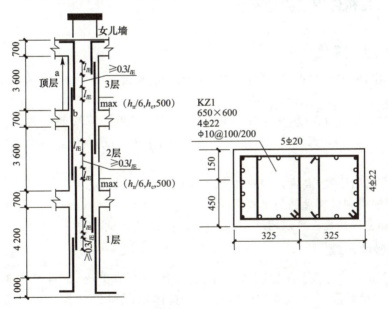

图 2-35　例 2-4 图

表 2-11　例 2-4 表

净高/mm	梁高/mm	混凝土强度	保护层/mm	抗震等级	定尺长度/mm	连接方式
3 600	700	C30	25	一级	9 000	绑扎

【解】 ⌀22顶层柱纵筋的计算过程见表2-12，⌀20顶层柱纵筋的计算过程见表2-13。

表2-12　⌀22顶层柱纵筋的计算过程

第一步	查表计算l_{aE}	$l_{aE}=33d=33×22=726(mm)$
第二步	搭接长度	$l_{lE}=46d=46×22=1\,012(mm)$
第三步	纵筋长度	纵筋长度＝顶层层高－max($H_{n3}/6$, h_c, 500)＋(梁高－保护层厚度)＋12d
		＝3 600－650＋700－30＋264＝3 884(mm)
第四步	顶层纵筋根数	顶层纵筋根数$n_3=12$根

表2-13　⌀20顶层柱纵筋的计算过程

第一步	查表计算l_{aE}	$l_{aE}=33d=33×20=660(mm)$
第二步	搭接长度	$l_{lE}=46d=46×20=920(mm)$
第三步	纵筋长度	纵筋长度＝顶层层高－max($H_{n3}/6$, h_c, 500)＋(梁高－保护层厚度)＋12d
		＝3 600－650＋700－30＋240＝3 860(mm)
第四步	顶层纵筋根数	顶层纵筋根数$n_3=10$根

★2.4.5　柱构件箍筋的计算★

1. 箍筋的计算步骤

(1)先计算出柱子的"净高"，"净高"对于中间楼层来说，就是结构层高减去顶板梁的截面高度。

(2)计算"加密区"的高度(表2-14)并且按加密区间距计算箍筋根数。加密区高度为 max($1/6H_n$, h_c, 500)，即取 $1/6H_n$、h_c、500 三个数中的最大值。每个楼层都有上、下各一个加密区。

(3)计算"非加密区"的高度，按非加密区间距计算箍筋根数。

(4)根据平法规则计算箍筋的单根长度。

注：箍筋加密区高度也可以通过16G101-1第66页查询。

2. 箍筋根数的计算

(1)基础箍筋根数计算原理。中柱基础箍筋间距≤500 mm，且不少于两道矩形箍筋，边角柱基础箍筋间距一般按加密区布设，具体情况按设计师说明布设，如图2-36所示。

根数＝(基础高度－基础保护层厚度－100)/间距＋1

(2)首层柱箍筋根数计算原理(嵌固部位在基础顶面)。首层箍筋根数是由上下加密区和中间非加密区除以相应的间距得出的。所以要先计算上下加密区和非加密区的长度。如果下部加密区长度与嵌固部位相邻，则加密区的长度为 $H_n/3$，如图2-37所示。

表 2-14 抗震框架柱和小墙肢箍筋加密区高度选用表

柱净高 H_n/mm	柱截面长边尺寸 h_c 或圆柱直径 D															
	400	450	500	550	600	650	700	750	800	850	900	950	1 000	1 050	1 100	1 150	1 200	1 250	1 300
1 500																
1 800	500															
2 100	500	500	500													
2 400	500	500	500	550												
2 700	500	500	500	550	600	650										
3 000	500	500	500	550	600	650	700									
3 300	550	550	550	550	600	650	700	750	800							
3 600	600	600	600	600	600	650	700	750	800	850						
3 900	650	650	650	650	650	650	700	750	800	850	900	950				
4 200	700	700	700	700	700	700	700	750	800	850	900	950	1 000			
4 500	750	750	750	750	750	750	750	750	800	850	900	950	1 000	1 050	1 100	
4 800	800	800	800	800	800	800	800	800	800	850	900	950	1 000	1 050	1 100	1 150
5 100	850	850	850	850	850	850	850	850	850	850	900	950	1 000	1 050	1 100	1 150	1 200	1 250
5 400	900	900	900	900	900	900	900	900	900	900	900	950	1 000	1 050	1 100	1 150	1 200	1 250	1 300
5 700	950	950	950	950	950	950	950	950	950	950	950	950	1 000	1 050	1 100	1 150	1 200	1 250	1 300
6 000	1 000	1 000	1 000	1 000	1 000	1 000	1 000	1 000	1 000	1 000	1 000	1 000	1 000	1 050	1 100	1 150	1 200	1 250	1 300
6 300	1 050	1 050	1 050	1 050	1 050	1 050	1 050	1 050	1 050	1 050	1 050	1 050	1 050	1 050	1 100	1 150	1 200	1 250	1 300
6 600	1 100	1 100	1 100	1 100	1 100	1 100	1 100	1 100	1 100	1 100	1 100	1 100	1 100	1 100	1 100	1 150	1 200	1 250	1 300
6 900	1 150	1 150	1 150	1 150	1 150	1 150	1 150	1 150	1 150	1 150	1 150	1 150	1 150	1 150	1 150	1 150	1 200	1 250	1 300
7 200	1 200	1 200	1 200	1 200	1 200	1 200	1 200	1 200	1 200	1 200	1 200	1 200	1 200	1 200	1 200	1 200	1 200	1 250	1 300

（箍筋全高加密）

注：1. 表内数值未包括框架嵌固部位柱根部箍筋加密区范围。
2. 柱净高（包括因嵌砌填充墙等形式的柱净高）与柱截面长边尺寸（圆柱为截面直径）的比值 $H_n/h_c \leqslant 4$ 时，箍筋沿柱全高加密。
3. 小墙肢墙长度不大于墙厚 4 位的剪力墙，矩形小墙肢的厚度不大于 300 时，箍筋会全高加密。

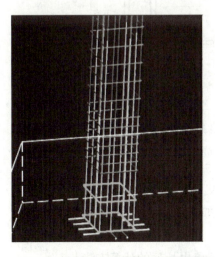
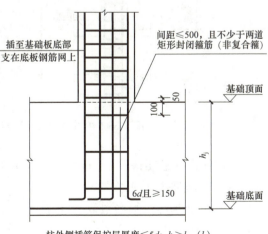

图 2-36 中柱基础箍筋示意图

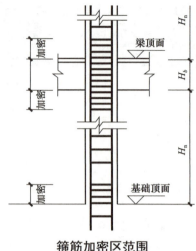

箍筋加密区范围

图 2-37 中柱首层箍筋排布示意图

上部加密区箍筋根数＝[max($H_n/6$，h_c，500)＋梁高]/加密区间距＋1

下部加密区箍筋根数＝($H_n/3$－50)/加密区间距＋1

中间非加密区箍筋根数＝(层高－上下加密区)/非加密区间距－1

(3) 中间层及顶层柱箍筋根数计算原理。如果中间层及顶层柱上下加密区远离嵌固部位，则加密区的长度为 max($H_n/6$，h_c，500)，如图 2-38 所示。

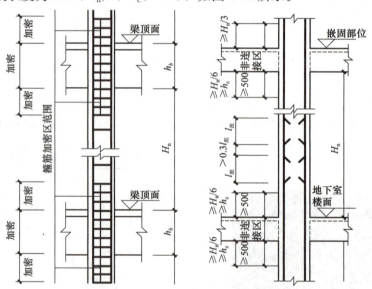

图 2-38 中柱中间层及顶层箍筋排布示意图

上部加密区箍筋根数＝[max($H_n/6$，h_c，500)＋梁高]/加密区间距＋1

下部加密区箍筋根数＝[max($H_n/6$，h_c，500)]/加密区间距＋1

中间非加密区箍筋根数＝(层高－上下加密区)/非加密区间距－1

3. 箍筋长度的计算

柱内封闭箍筋单根长度的计算参照梁内封闭箍筋单根长度的计算方法。

4. 箍筋根数及长度计算案例

【例 2-5】 识读图 2-39 和表 2-15 并求下列问题。

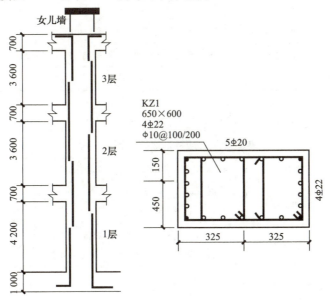

图 2-39 例 2-5 图

表 2-15 例 2-5 表

混凝土强度	基础保护层/mm	抗震等级	定尺长度/mm	连接方式	保护层厚度/mm
C30	40	一级	9 000	机械连接	20

(1) 求 KZ1 外围封闭箍筋的单根长度及基础层箍筋根数，计算过程见表 2-16。

表 2-16 Φ10(外围封闭箍筋)的计算过程

第一步	外箍筋长度	周长－保护层厚度×8＋1.9d×2＋max(10d, 75)×2 ＝(600＋650)×2－8×20＋1.9×10×2＋10×10×2 ＝2 578(mm)
第二步	箍筋根数	16G101－3 规定，"间距≤500，且不少于两道箍矩形封闭箍筋" n_j＝(1 000－100－40)/500＋1＝3(根)

(2) 求 KZ1 首层柱箍筋根数，计算过程见表 2-17。

表 2-17 首层柱箍筋根数计算过程

第一步	下部加密区长度	＝H_{n1}/3＝1 400 mm
	下部加密区箍筋根数	＝(加密区长度－50)/间距＋1 ＝1 350/100＋1＝15(根)
第二步	上部加密区长度	＝max(H_{n1}/6, H_c, 500)＋梁高 ＝max(4 200/6, 650, 500)＋700＝1 400(mm)

续表

第二步	上部加密区箍筋根数	=加密区长度/间距+1 =1 400/100+1=15(根)
第三步	非加密区长度	=4 200-1 400-700=2 100(mm)
	非加密区箍筋根数	=非加密区长度/间距-1=2 100/200-1=10(根)
第四步	总根数	n_1=15+15+10=40(根)

(3)求 KZ1 二层柱箍筋根数,计算过程见表 2-18。

表 2-18 二层柱箍筋根数计算过程

第一步	下部加密区长度	=max(H_{n2}/6, h_c, 500)=650(mm)
	下部加密区箍筋根数	=加密区长度/间距+1 =650/100+1=8(根)
第二步	上部加密区长度	=max(H_{n2}/6, h_c, 500)+梁高 =max(3 600/6, 650, 500)+700=1 350(mm)
	上部加密区箍筋根数	=加密区长度/间距+1 =1 350/100+1=15(根)
第三步	非加密区长度	=3 600-650-650=2 300(mm)
	非加密区箍筋根数	=非加密区长度/间距-1=2 300/200-1=11(根)
第四步	总根数	n_2=8+15+11=34(根)

(4)求 KZ1 顶层柱箍筋根数。由于顶层柱的层高和二层柱的层高一样,所以顶层柱的箍筋根数 $n_3=n_2=34$ 根。

★2.4.6 柱钢筋工程量汇总★

1. 手工计算的汇总技巧

(1)利用 Word 软件设计钢筋工程量明细表。
(2)以具体的构件为主线分类,按计算顺序分项。
(3)横向栏按相同的钢筋级别和直径归项计算。
(4)按相同的钢筋级别和直径汇总计算。

2. 汇总表的填写

柱构件钢筋工程量明细表见表 2-19。

表 2-19 柱构件钢筋工程量明细表

筋号	级别	直径	钢筋图形	单长	根数	总长/m	线密度	总质量/kg
构件名称 KZ1							构件数量 1 根	
柱基础插筋	Φ	22	⌐___⌐	3 522	12	42.26	2.984	126.10

续表

筋号	级别	直径	钢筋图形	单长	根数	总长/m	线密度	总质量/kg
柱基础插筋	Φ	20	下⌐——⌐上	3 390	10	33.90	2.466	83.60
首层柱纵筋	Φ	22	下——————上	5 162	12	61.94	2.984	184.83
首层柱纵筋	Φ	20	下——————上	5 070	10	50.70	2.466	125.03
中间层柱纵筋	Φ	22	下——————上	5 312	12	63.74	2.984	190.20
中间层柱纵筋	Φ	20	下——————上	5 220	10	52.20	2.466	128.73
顶层柱纵筋	Φ	22	下————⌐上	3 884	12	46.60	2.984	139.05
顶层柱纵筋	Φ	20	下————⌐上	3 860	10	38.60	2.466	95.19
箍筋	ϕ	10	▢	2 578	111	286.16	0.617	176.56

柱构件钢筋工程量计算(拓展知识)

2.5 柱的钢筋计算(施工下料方向)

★2.5.1 钢筋翻样基础知识★

1. 柱箍筋根数计算公式

(1)基础内箍筋根数。

$$N=\max\{2,[(h_j-100-基c-基d_x-基d_y)/500+1]\}$$

式中 h_j——基础高度;

c——基础保护层厚度;

d_x——基础底板 x 方向钢筋;

d_y——基础底板 y 方向钢筋。

(2)其他层每层柱箍筋根数。

$$n=\frac{柱下端加密区高度-50}{加密区间距}+\frac{非加密区高度}{非加密区间距}+\frac{柱上端加密区高度+梁高}{加密区间距}+1$$

73

2. 柱箍筋、拉筋长度计算公式

柱箍筋、拉筋长度计算公式见表 2-20。

表 2-20 柱箍筋、拉筋长度计算公式表

柱箍筋	是否考虑抗震	箍筋直径 d	箍筋、拉筋长度计算公式
非复合箍（外箍）	抗震	$d=8,10,12$	$L=2(b+h)-8c+19.8d$
	抗震	$d=6,6.5$	$L=2(b+h)-8c+150$
	非抗震		$L=2(b+h)-8c+9.8d$
内箍			$L=2\{[(b-2c-2d-D)/\text{内箍占间距个数}]+D+d\}+2(h-2c-d)+2\times\text{弯钩长}$
4×4 复合箍的内箍	抗震	$d=8,10,12$	$L=2(b-2c)/3+2(h-2c)+23.8d$
	抗震	$d=6,6.5$	$L=2(b-2c)/3+2(h-2c)+150+3.8d$
	非抗震		$L=2(b-2c)/3+2(h-2c)+13.8d$
拉筋	抗震	$d=8,10,12$	$L=b-2c+24.8d$
	抗震	$d=6,6.5$	$L=b-2c+150+4.8d$
	非抗震		$L=b-2c+14.8d$

★2.5.2 钢筋翻样实操案例★

【例 2-6】 某办公楼柱平法施工图如图 2-40 所示，以与①号和Ⓐ号定位轴线交接的 KZ1 为例介绍钢筋翻样方法。

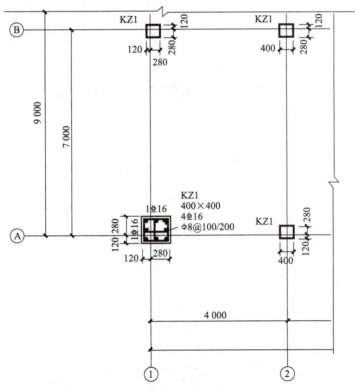

图 2-40 某办公楼柱平法施工图

根据图纸内容归纳工程信息见表 2-21。

表 2-21　工程信息表

层号	顶面标高/m	梁截面高度/mm(X 向/Y 向)	
3	10.770	600/400	混凝土强度等级：C25
2	7.170	600/400	抗震等级：四级
1	3.570	600/400	环境类别：一类
基础	−0.100		现浇板厚：120 mm 没有特殊锚固条件

根据图纸的信息计算钢筋非连接区和箍筋加密区见表 2-22，关键部位钢筋长度见表 2-23。

表 2-22　钢筋非连接区和箍筋加密区计算表

柱位置	层高/m	梁高/mm	柱净高 H_n/mm	纵筋非连接区和箍筋加密区范围	焊接连接钢筋错开距离
2 层～顶层	3.6	400	3.200	$\max(H_n/6, H_c, 500)$ $=\max(3\,200/6, 400, 500)$ 实取 550	公式：$\max(35d, 500)=35d=35\times16=560$
基础～1 层	3.67	400	3.270	上端：$\max(H_n/6, h_c, 500)$ $=\max(3\,270/6, 400, 500)$ 实取 550 下端：$H_n/3=1\,090$， 实取 1 100	同一截面有两种钢筋直径时，取大者，相互连接的两根钢筋直径不同时，取较小者

表 2-23　关键部位钢筋长度计算表

关键部位	计算过程	分析
伸入梁内的柱外侧纵筋长度/mm	$1.5l_{abE}=1.5\times40\times16=960$	同一截面有两种钢筋直径时取大者
	$1.5l_{abE}=960>h_b-c_c+h_c-c_c=$ $600-25+400-25=950$	$1.5l_{abE}$ 超过柱内侧边缘，故选择 16G101-1 第 67 页②的构造
柱内侧纵筋 $12d$ 弯折长度/mm	$12d=12\times16=192$	同一截面有两种钢筋直径时取大者

KZ1 的 b 边、h 边立面钢筋排布图如图 2-41 和图 2-42 所示。

柱钢筋下料长度计算表和下料单见表 2-24 和表 2-25。

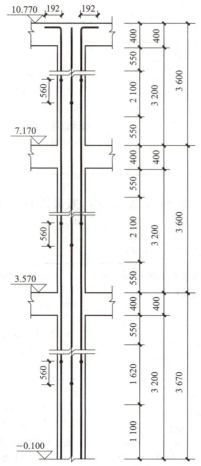

图 2-41　KZ1 b 边立面钢筋排布图

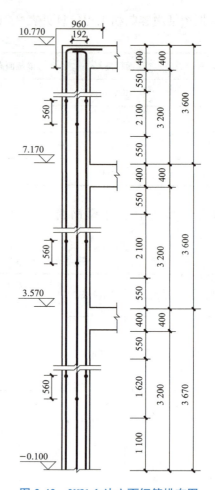

图 2-42　KZ1 h 边立面钢筋排布图

表 2-24　柱钢筋下料长度计算表

钢筋名称	编号	钢筋规格	计算式/m	根数	总长/m
外侧纵筋	①	⌀16	$L=10.770-0.6-(-0.100)+0.96-3.790\times0.016$ $=11.170$	3	33.510
内侧纵筋	②	⌀16	$L=10.770-(-0.100)-0.025+0.192-3.790\times$ 0.016 $=10.976$	5	55.882
外箍筋	③	Φ8	$L=2\times(0.4+0.4)-8\times0.025+20.273\times0.008$ $=1.562$ 一层：$n=(1\,150-50)/100+1\,570/200+(550+$ $400)/100+1$ $=29.35(根)$ 取 30 根 二层到顶层：$n=2\times[(550-50)/100+2\,100/200+$ $(550+400)/100+1]$ $=52(根)$	82	128.084

续表

钢筋名称	编号	钢筋规格	计算式/m	根数	总长/m
内箍筋	④	Φ8	$L=0.4-2\times0.025+29.137\times0.008=0.584$ 一层：$n=2\times30=60$（根） 二层到顶层：$n=52\times2=104$（根）	164	95.776

表 2-25　柱钢筋下料单

构件名称	编号	简图	钢筋规格	下料长度/mm	合计根数	质量/kg	备注
KZ1	⑥	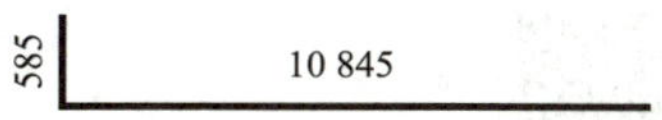 585　10 845	⊈16	11 170	53	25.06	外侧纵筋
	⑦	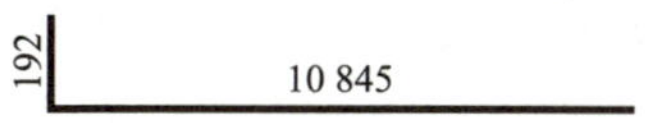 192　10 845	⊈16	10 980	5	86.7	内侧纵筋
	⑧	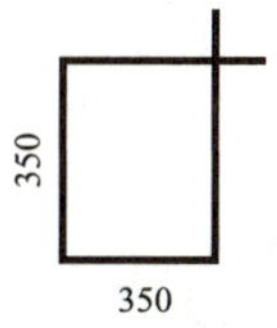 350×350	Φ8	1 238	82	40.1	外箍筋
	⑨	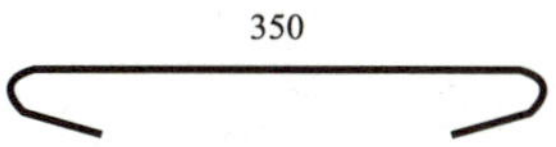 350	Φ8	584	164	37.9	内箍筋

质量合计：⊈16：111.66 kg；Φ8：78.0 kg

本章总结

通过本单元的学习，要求掌握以下内容：

1. 柱结构施工图中列表注写方式与截面注写方式所表达的内容。
2. 柱标准构造详图中纵筋在基础内的锚固、柱顶的锚固、非连接区长度、搭接长度等的构造要求及箍筋加密区的构造规定。
3. 能够准确计算柱纵筋长度、基础内的锚固长度、柱顶锚固长度、搭接长度、箍筋加密区长度及箍筋根数等。

案例实训

1. 根据二维扫码附图计算 KZ1、KZ2、…、KZ6 钢筋的预算长度,并绘制钢筋工程量明细表。

2. 根据二维扫码附图计算 KZ1、KZ2、…、KZ6 钢筋的下料长度,并绘制钢筋施工下料清单。

技能应用

单元 3　剪力墙平法识图与钢筋计算

学习情境描述

通过本单元的学习，进一步熟悉 16G101 图集的相关内容；掌握剪力墙结构施工图中列表注写方式与截面注写方式所表达的内容；掌握剪力墙标准构造详图中水平分布钢筋、竖向分布钢筋、拉筋等的构造要求；能够准确计算各种类型钢筋的长度。

剪力墙钢筋

教学要求

能力目标	知识要点	相关知识	权重
能够熟练地应用剪力墙的平法制图规则和钢筋构造详图知识识读剪力墙的平法施工图	集中标注、锚固长度、搭接长度、箍筋加密区	钢筋种类、混凝土强度等级、抗震等级、受拉钢筋基本锚固长度、环境类别、施工图的阅读等	0.7
能够熟练地查表计算各种类型钢筋的长度	构件净长度、锚固长度、搭接长度、钢筋保护层、钢筋弯钩增加值	与钢筋计算相关的消耗量定额规定、施工图的阅读、钢筋的线密度等	0.3

3.1　剪力墙构件的内容

★3.1.1　剪力墙的分类★

在高层钢筋混凝土建筑中，有框架结构和剪力墙结构。涉及剪力墙的结构中，又可以再细分为：剪力墙结构、框架-剪力墙结构、部分框支剪力墙结构、筒体结构。本部分只讲剪力墙结构。

★3.1.2　剪力墙包含的构件★

剪力墙依其部位和受力要求，也分成各种构件。

1. 构造边缘构件(GBZ)

设置在抗震等级为三、四级的剪力墙两侧的构件称为构造边缘构件。构造边缘构件的分类如图 3-1 所示。构造边缘构件空间立体形状如图 3-2 所示。

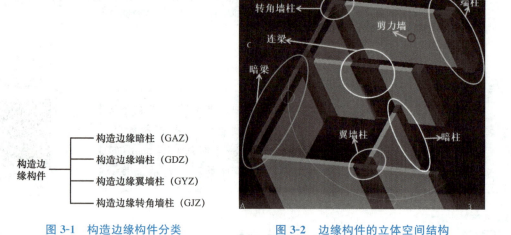

图 3-1　构造边缘构件分类　　　　图 3-2　边缘构件的立体空间结构

(1)构造边缘暗柱(GAZ)。该柱起构造作用,且柱宽和剪力墙墙宽一致,其投影如图 3-3 所示,空间立体形状如图 3-4 所示。

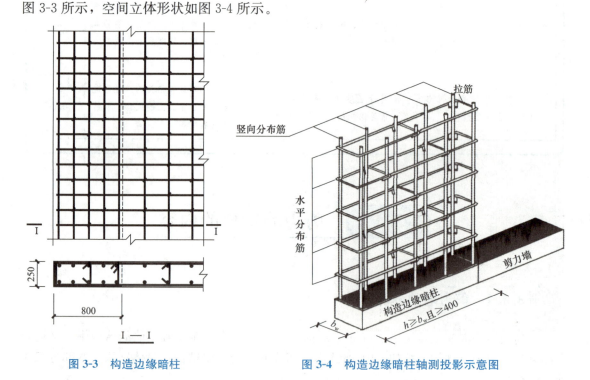

图 3-3　构造边缘暗柱　　　　图 3-4　构造边缘暗柱轴测投影示意图

(2)构造边缘端柱(GDZ)。该柱起构造作用,但柱宽和剪力墙墙宽不一致,其空间立体形状如图 3-5 所示。

(3)构造边缘转角墙柱(GJZ)。该柱起构造作用,位置位于墙角,一般情况下柱宽和剪力墙墙宽一致,其空间立体形状如图 3-6 所示。

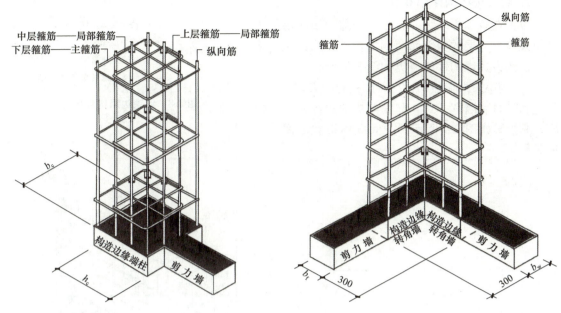

图 3-5　构造边缘端柱轴测投影示意图　　图 3-6　构造边缘转角墙柱轴测投影示意图

(4)构造边缘翼墙柱(GYZ)。该柱起构造作用,位置位于 T 形剪力墙拐角处,一般情况下柱宽和剪力墙墙宽一致,其空间立体形状如图 3-7 所示。

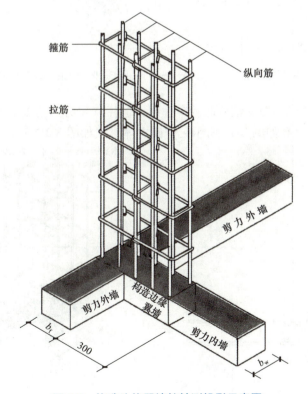

图 3-7　构造边缘翼墙柱轴测投影示意图

2. 约束边缘构件(YBZ)

设置在抗震等级为一、二级的剪力墙底部加强部位及其上一层的剪力墙两侧的构件称为约束边缘构件。约束边缘构件的分类如图 3-8 所示。

(1)约束边缘暗柱(YAZ)。该柱起约束作用，且柱宽和剪力墙墙宽一致，配筋与构造边缘构件有区别，其投影如图 3-9 所示，空间立体形状如图 3-10 所示。

图 3-8 约束边缘构件分类

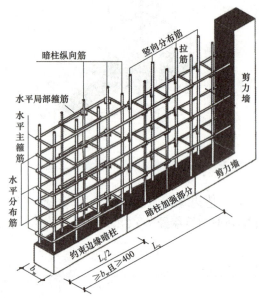

图 3-9 约束边缘暗柱　　　图 3-10 约束边缘暗柱轴测投影示意图

(2)约束边缘端柱(YDZ)。该柱起约束作用，但柱宽和剪力墙墙宽不一致，配筋与构造边缘构件有区别，其投影如图 3-11 所示，空间立体形状如图 3-12 所示。

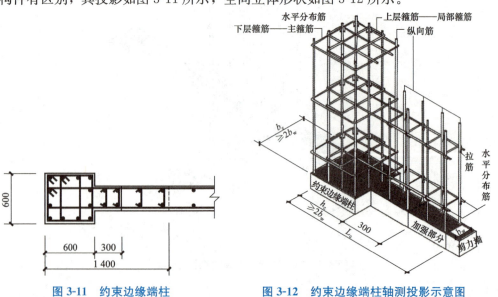

图 3-11 约束边缘端柱　　　图 3-12 约束边缘端柱轴测投影示意图

(3)约束边缘转角墙柱(YJZ)。该柱起约束作用，位置位于墙角，一般情况下柱宽和剪力墙墙宽一致，配筋与构造边缘构件有区别，其投影如图3-13所示，空间立体形状如图3-14所示。

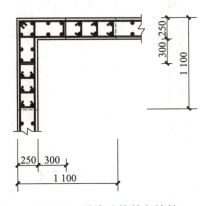

图3-13 约束边缘转角墙柱

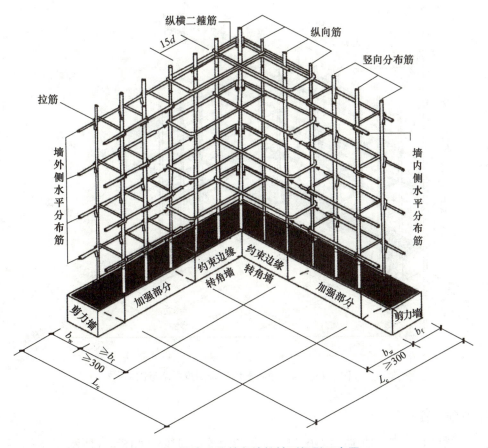

图3-14 约束边缘转角墙柱轴测投影示意图

(4)约束边缘翼柱(YYD)。该柱起约束作用，位置位于T形剪力墙拐角处，一般情况下柱宽和剪力墙墙宽一致，配筋与构造边缘构件有区别，其投影如图3-15所示，空间立体形状如图3-16所示。

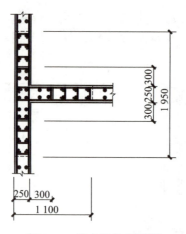

图 3-15 约束边缘翼墙柱

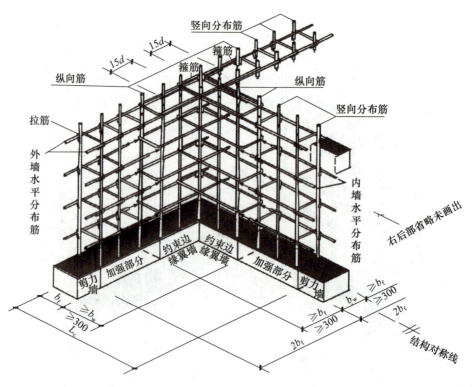

图 3-16 约束边缘翼墙柱轴测投影示意图

3. 其他构件

（1）连梁（LL）。连梁是剪力墙内门、窗洞口上面的过梁，如图 3-2 所示。

（2）暗梁（AL）。暗梁是剪力墙的一部分，暗梁不存在"锚固"问题，只有"收边"问题，暗梁的长度是整个墙肢，暗梁的作用不是抗剪，而是阻止剪力墙开裂，如图 3-2 所示。

3.2　剪力墙钢筋的分类

剪力墙构件钢筋的构造体系如图 3-17 所示。

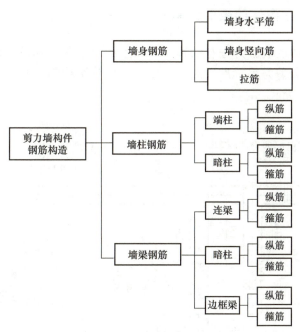

图 3-17　剪力墙钢筋分类

剪力墙空间立体轴测图如图 3-18 所示。

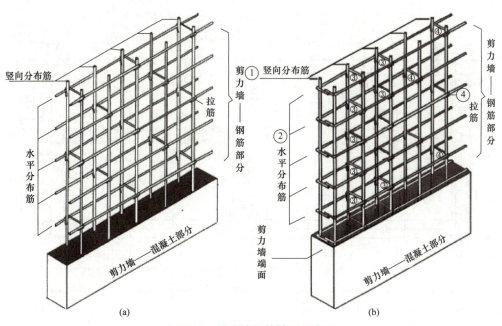

图 3-18　剪力墙钢筋轴测示意图
(a)水平钢筋端部直锚型；(b)水平钢筋端部弯锚型

3.3 剪力墙的平法识图

★3.3.1 剪力墙构件的截面注写★

剪力墙平法施工图的表示方法有两种,分别是截面注写方式及列表注写方式。截面注写方式通常需要先划分剪力墙标准层后,再按标准层分别绘制。截面注写包括集中标注和原位标注,如图3-19所示。

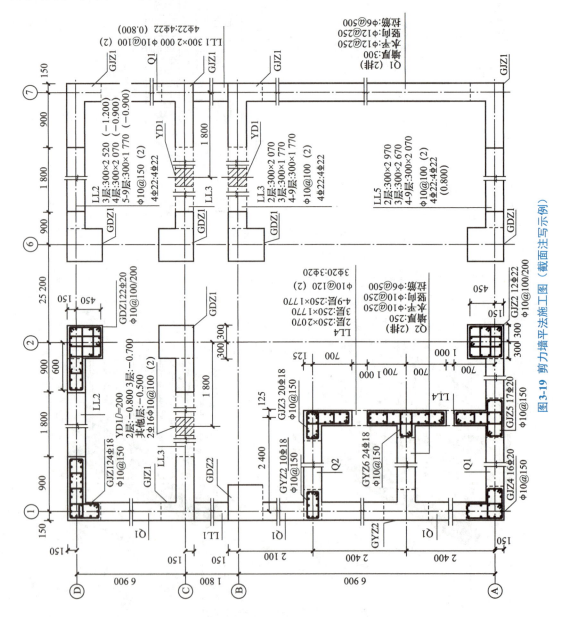

图3-19 剪力墙平法施工图(截面注写示例)

1. 剪力墙身截面注写（集中标注）

剪力墙集中标注的内容包括：墙类型及编号、墙厚、水平分布筋信息、竖向分布筋信息、拉筋信息等，如图3-20所示。

第一行：Q1(2排)，表示1号剪力墙，两排钢筋网；

第二行：墙厚：300，表示墙厚为300 mm；

第三行：水平：Φ12@250，表示水平方向的钢筋信息为HPB300级钢筋，直径为12 mm，间距为250 mm；

第四行：竖向：Φ12@250，表示竖直方向的钢筋信息为HPB300级钢筋，直径为12 mm，间距为250 mm；

第五行：拉筋Φ6@500，表示拉筋信息为HPB300级钢筋，直径为6 mm，水平方向间距为500 mm，竖直方向间距为500 mm。

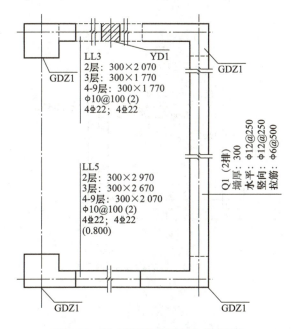

图3-20　剪力墙平面注写（集中标注）

2. 剪力墙柱截面注写（集中标注＋原位标注）

在剪力墙柱截面注写中，集中标注的内容包括：柱类型及编号、柱纵筋信息、柱箍筋信息等；截面注写的内容包括纵筋信息、构件截面尺寸等，如图3-21所示。

第一行：GDZ1 22Φ20，表示1号构造端柱，柱纵筋信息为22根HRB335级钢筋，直径为20 mm的钢筋。

第二行：Φ10@100/200，表示的是箍筋信息。

3. 剪力墙梁平面注写（集中标注）

剪力墙梁的集中标注的内容同单元梁的集中标注的信息是一致的，如图3-22所示。

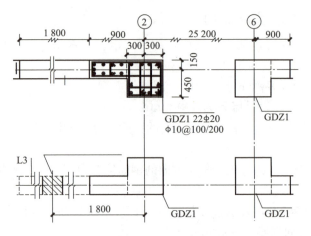

图 3-21　剪力墙柱截面注写(集中标注+原位标注)

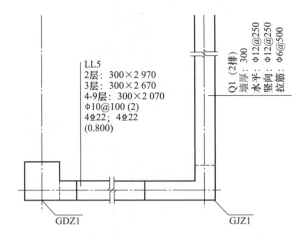

图 3-22　剪力墙梁平面注写

★3.3.2　剪力墙构件的列表注写★

列表注写方式，是分别在剪力墙柱表、剪力墙表和剪力墙梁表中，对应于剪力墙平面布置图上的编号，用绘制截面配筋图并注写几何尺寸与配筋具体数值的方式来表达剪力墙平法施工图，如图 3-23 所示。

1. 剪力墙身表

在剪力墙身表中，包括墙身编号(含水平与竖向分布钢筋的排数)，墙身的起止标高(表达方式同墙柱的起止标高)，水平分布钢筋、竖向分布钢筋和拉筋的具体数值(表中的数值为一排水平分布钢筋和竖向分布钢筋的规格与间距，具体设置几排见墙身后面的括号)等。

2. 剪力墙梁表

在剪力墙梁表中，包括墙梁编号，墙梁所在楼层号，墙梁顶面相对标高高差(是指相对于墙梁所在结构层楼面标高的高差值，正值代表高于者，负值代表低于者，未注明的代表无高差)，墙梁截面尺寸 $b×h$、上部纵筋、下部纵筋和箍筋的具体数值等。

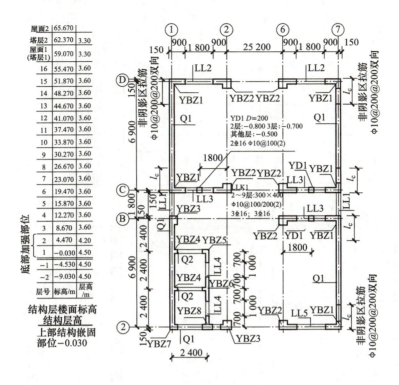

剪力墙身表					
编号	标高	墙厚	水平分布钢筋	垂直分布钢筋	拉筋(双向)
Q1	−0.030~30.270	300	⌀12@200	⌀12@200	⌀6@600@600
	30.270~59.070	250	⌀10@200	⌀10@200	⌀6@600@600
Q2	−0.030~30.270	250	⌀10@200	⌀10@200	⌀6@600@600
	30.270~59.070	200	⌀10@200	⌀10@200	⌀6@600@600

−0.030～12.270剪力墙平法施工图

图 3-23 剪力墙平法施工图(列表注写方式)

3. 剪力墙柱表

在剪力墙柱表中,包括墙柱编号,截面配筋图,加注的几何尺寸(未注明的尺寸按标注构件详图取值),墙柱的起止标高,全部纵向钢筋和箍筋等内容。其中,墙柱的起止标高自墙柱根部往上以变截面位置或截面未变但配筋改变处为分段界限,墙柱根部标高是指基础顶面标高(框支剪力墙结构则为框支梁的顶面标高)。

★3.3.3 地下室剪力墙注写方式★

地下室外墙平面注写方式包括集中标注和原位标注两部分内容,如图 3-24 所示。

1. 地下室外墙的集中标注

地下室外墙的集中标注,包括的内容如下:

(1)注写地下室外墙的编号,包括代号、序号、墙身长度(注写为××～××轴)。

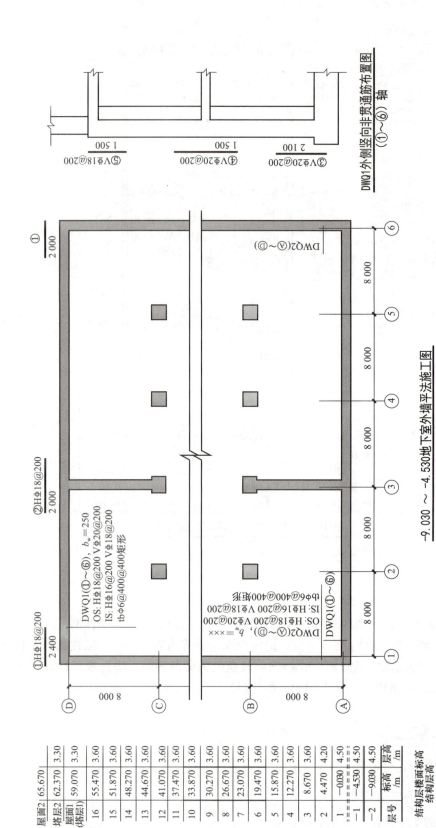

图3-24 某建筑地下室外墙平法施工图示例

(2)注写地下室外墙厚度 $b_w=×××$。

(3)注写地下室外墙的外侧、内侧贯通筋和拉筋。

1)以 OS 代表外墙外侧贯通筋。其中,外侧水平贯通筋以 H 打头注写,外侧竖向贯通筋以 V 打头注写。

2)以 IS 代表外墙内侧贯通筋。其中,内侧水平贯通筋以 H 打头注写,内侧竖向贯通筋以 V 打头注写。

3)以 tb 打头注写拉筋直径、强度等级及间距,并注明"矩形"或"梅花"。

如图 3-24 中的 DWQ1 集中标注的内容为:

DWQ1(①～⑥), $b_w=250$

OS:H⊈18@200　　V⊈20@200

IS:H⊈16@200　　V⊈18@200

tb　φ6@400@400 矩形

第一行表示:1 号地下室外墙,长度范围为①～⑥,墙厚为 250 mm。

第二行表示:外侧水平贯通筋为 ⊈18@200,竖向贯通筋为 ⊈20@200。

第三行表示:内侧水平贯通筋为 ⊈16@200,竖向贯通筋为 ⊈18@200。

第四行表示:拉筋为 φ6,水平间距为 400 mm,竖向间距为 400 mm。

2. 地下室外墙的原位标注

地下室外墙的原位标注主要表示在外墙外侧配置的水平非贯通筋或竖向非贯通筋。

(1)在外墙外侧配置水平非贯通筋。如图 3-24 中的地下室外墙平法施工图中 DWQ1 外侧水平非贯通筋①号和②号钢筋。

在粗实线段上方均注写为 H⊈18@200;在粗实线段下方①号筋标注为 2 400,②号筋在单侧标注为 2 000 字样,表示②号筋自支座中线向两侧对称伸出,②号筋总长度为 4 000 mm,而①号筋的伸出长度值 2 400 mm、2 000 mm 是从支座外边缘算起的。

(2)在外墙外侧配置竖向非贯通筋。如图 3-24 中的 DWQ1 外侧竖向非贯通筋布置图中,在粗实线段左方注写有 V⊈20@200、V⊈18@200 字样,在粗实线段右方注写有 2 100、1 500 等,在外墙竖向截面图名下注明的分布范围为①～⑥轴。

★3.3.4 剪力墙钢筋的连接方式★

1. 中间层剪力墙竖向钢筋的连接方式

(1)竖向分布筋高低错落(不在剪力墙的同一截面水平)搭接。图 3-25 表示上下楼层间,剪力墙中竖向分布筋的搭接连接及其模板轴测投影示意图。

(2)竖向分布筋在同一水平处搭接。图 3-26 是上下楼层间,剪力墙中竖向分布筋在同一水平部位搭接连接,以及其模板轴测投影示意图。

(3)竖向分布筋高低错落(不在剪力墙的同一截面水平)的机械连接。图 3-27 是上下楼层间,剪力墙中竖向分布筋的机械连接,以及其模板轴测投影示意图。

(4)上下层的剪力墙外墙变截面处,竖向分布筋的连接。图 3-28 是上下楼层间,边部剪力墙(外墙)上层变窄且比齐时的配筋,以及其模板轴测投影示意图。

(5)剪力墙的内墙保持对称于中心线的变截面。图 3-29 是上下楼层间,剪力墙对称于中心线上墙变窄时的配筋,以及其模板轴测投影示意图。

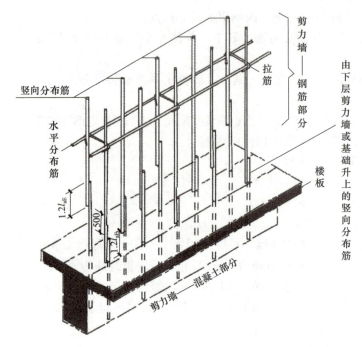

图 3-25 楼层间剪力墙竖向筋搭接及轴测投影示意图

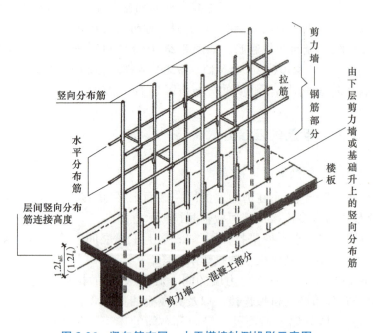

图 3-26 竖向筋在同一水平搭接轴测投影示意图

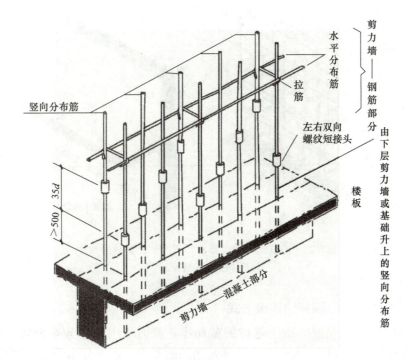

图 3-27 竖向筋高低错落机械连接轴测投影

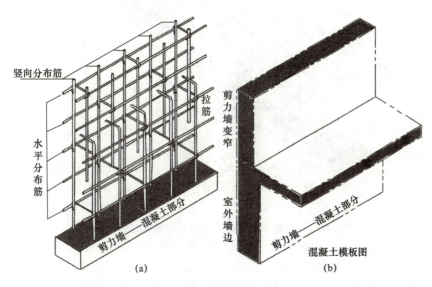

图 3-28 边柱剪力墙上部变窄比齐配筋轴测投影
(a)钢筋绑扎；(b)混凝土模板

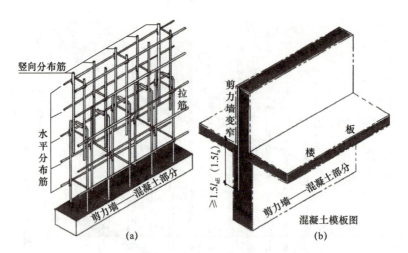

图 3-29 边柱剪力墙上部对称变窄的配筋轴测投影
(a)钢筋绑扎；(b)混凝土模板

2. 中间层剪力墙水平钢筋的连接方式

(1)端柱截面较小的情况。由于端柱的截面小，剪力墙中水平分布钢筋伸进柱内的深度，达不到要求的锚固长度。所以，为了满足锚固的要求，水平分布钢筋需要弯一个 90°的弯钩，如图 3-30 所示。

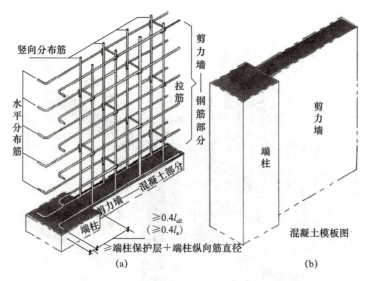

图 3-30 端柱截面较小时剪力墙水平筋锚固轴测投影
(a)水平筋弯钩；(b)模板

(2)端柱截面较大的情况。图 3-31 中的端柱截面比图 3-30 中的大。因此，水平分布筋伸入端柱中的直线部分，可以达到锚固的要求。所以，就不必弯钩了。

3. 顶层剪力墙竖向钢筋的连接方式

(1)全在同一水平面上进行搭接的顶层剪力墙竖向钢筋。竖向分布筋在上、下层之间的楼板处，当抗震等级为三、四级且直径小于或等于 28 mm 时，可以在同一水平搭

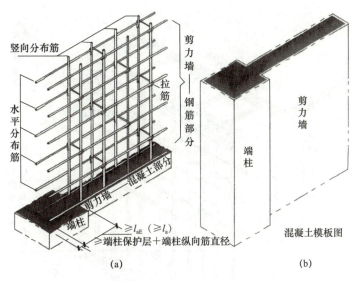

图 3-31 端柱截面较大时剪力墙水平筋锚固轴测投影
(a)水平筋直接深入端柱；(b)模板

接。但是，钢筋为 HPB300 级时，应加 $5d$ 的弯钩。抗震搭接长度为 $1.2l_{aE}$，如图 3-32 所示。

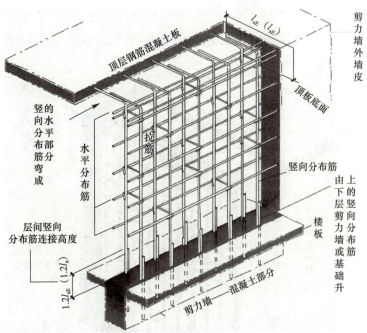

图 3-32 全在同一水平面上进行搭接边部剪力墙竖筋伸向顶板构造

(2)不全在同一水平面上进行搭接的顶层剪力墙竖向钢筋。一、二级抗震等级剪力墙顶层竖向分布筋且直径小于或等于 28 mm 时钢筋构造，如图 3-33 所示。但是，当钢筋为 HPB300 级时，钢筋端头要有 $180°$ 的弯钩。

(3)机械连接的顶层剪力墙竖向钢筋。采用的是机械连接方法。相邻竖筋连接点间的竖向距离为 $35d$。最低竖筋连接点到楼板面的距离，需要$\geqslant 500$ mm，如图 3-34 所示。

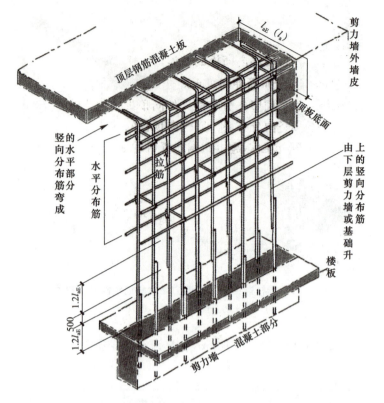

图 3-33　不全在同一水平面上进行搭接边部剪力墙竖筋伸向顶板构造

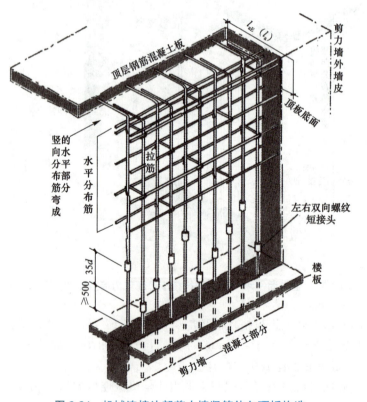

图 3-34　机械连接边部剪力墙竖筋伸向顶板构造

(4)室内剪力墙全在同一水平面上进行搭接的顶层竖向钢筋。室内剪力墙顶层竖向钢筋弯钩向两侧弯折,与下一层竖向钢筋在同一平面连接,如图3-35所示。

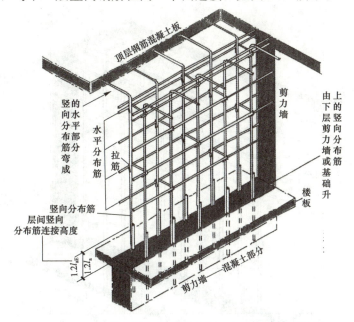

图3-35 室内剪力墙竖筋搭接在同一水平面时轴测投影

(5)室内剪力墙不全在同一水平面上进行搭接的顶层竖向钢筋。室内剪力墙顶层竖向钢筋弯钩向两侧弯折,与下一层竖向钢筋不全在同一平面连接,如图3-36所示。

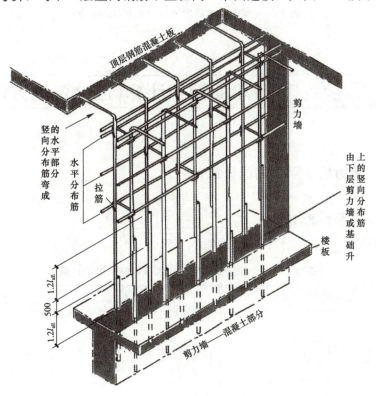

图3-36 室内剪力墙竖筋不在同一水平搭接的轴测投影

(6)室内剪力墙机械连接的顶层竖向钢筋。室内剪力墙顶层竖向钢筋与下一层竖向钢筋不全在同一平面机械连接,相邻两节点的间距为 500 mm,如图 3-37 所示。

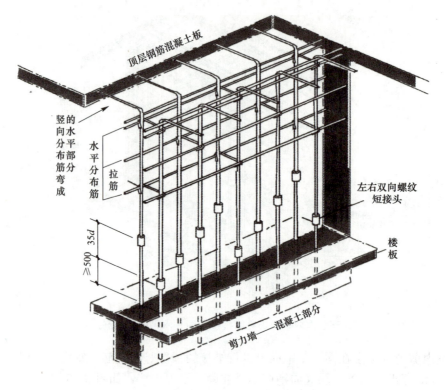

图 3-37 室内剪力墙竖筋机械连接轴测投影

3.4 剪力墙的钢筋计算(造价咨询方向)

★3.4.1 剪力墙水平钢筋的计算★

1. 剪力墙水平筋长度计算

(1)剪力墙端部无暗柱时水平钢筋长度的计算(表 3-1)。

表 3-1 剪力墙端部无暗柱时水平钢筋长度的计算

钢筋构造	钢筋构造要点	计算公式
每道水平分布钢筋均设双列拉筋	端部无暗柱时,墙身水平钢筋伸到对边弯折 10d	水平钢筋长度: 墙身长度$-2c+2\times 10d$

(2)剪力墙端部有暗柱时水平钢筋长度的计算(表 3-2)。

表 3-2 剪力墙端部有暗柱时水平钢筋长度的计算

钢筋构造	钢筋构造要点	计算公式
(图示：水平分布钢筋紧贴角筋内侧弯折，$10d$，暗柱)	端部有暗柱时，墙身水平钢筋伸到对边弯折 $10d$	在暗柱内长度： 暗柱长度－保护层厚度＋$10d$ 水平钢筋长度： 墙身长度－$2c+2\times10d$

(3)剪力墙端部有转角墙柱时水平钢筋长度的计算(表 3-3)。

表 3-3 剪力墙端部有转角墙柱时水平钢筋长度的计算

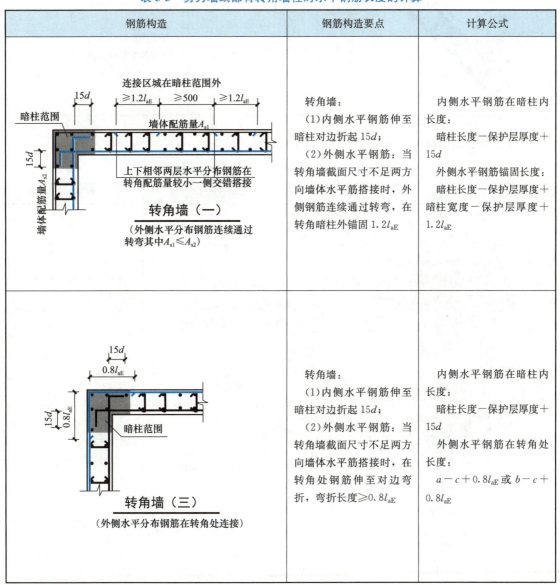

钢筋构造	钢筋构造要点	计算公式
转角墙（一） （外侧水平分布钢筋连续通过转弯其中 $A_{s1}\leq A_{s2}$）	转角墙： (1)内侧水平钢筋伸至暗柱对边折起 $15d$； (2)外侧水平钢筋：当转角墙截面尺寸不足两方向墙体水平筋搭接时，外侧钢筋连续通过转弯，在转角暗柱外锚固 $1.2l_{aE}$	内侧水平钢筋在暗柱内长度： 暗柱长度－保护层厚度＋$15d$ 外侧水平钢筋锚固长度： 暗柱长度－保护层厚度＋暗柱宽度－保护层厚度＋$1.2l_{aE}$
转角墙（三） （外侧水平分布钢筋在转角处连接）	转角墙： (1)内侧水平钢筋伸至暗柱对边折起 $15d$； (2)外侧水平钢筋：当转角墙截面尺寸不足两方向墙体水平筋搭接时，在转角处钢筋伸至对边弯折，弯折长度$\geq 0.8l_{aE}$	内侧水平钢筋在暗柱内长度： 暗柱长度－保护层厚度＋$15d$ 外侧水平钢筋在转角处长度： $a-c+0.8l_{aE}$ 或 $b-c+0.8l_{aE}$

(4)剪力墙端部有翼墙柱时水平钢筋长度的计算(表3-4)。

表3-4 剪力墙端部有翼墙柱时水平钢筋长度的计算

钢筋构造	钢筋构造要点	计算公式
翼墙（一）	墙身水平钢筋至翼墙对边弯折15d	翼墙内长度： 翼墙厚度－保护层厚度＋15d
斜交翼墙	墙身水平钢筋至翼墙对边弯折15d	翼墙内长度： 根据斜交角度计算

(5)剪力墙端部有端柱时水平钢筋长度的计算(表3-5)。

表3-5 剪力墙端部有端柱时水平钢筋长度的计算

钢筋构造	钢筋构造要点	计算公式
端柱转角墙（一）	钢筋在端柱内锚固： 内侧钢筋：伸至对边弯折15d 外侧钢筋：伸至对边弯折15d	内侧、外侧水平钢筋在端柱内长度： 端柱长度－保护层厚度＋15d
端柱端部墙（一）	钢筋在端柱内锚固： 内侧钢筋：伸至对边弯折15d 外侧钢筋：伸至对边弯折15d	内侧、外侧水平钢筋在端柱内长度： 端柱长度－保护层厚度＋15d
（直锚 $\geqslant l_{aE}$）	当墙体水平钢筋伸入端柱的直锚长度$\geqslant l_{aE}$，可不必上下弯折，但必须伸至端柱对边竖向钢筋内侧位置	内侧、外侧水平钢筋在端柱内长度： 端柱长度－保护层厚度

2. 剪力墙水平钢筋根数计算

(1)剪力墙基础水平钢筋根数的计算(表3-6)。

表3-6 剪力墙基础水平钢筋根数计算

钢筋构造	钢筋构造要点	计算公式
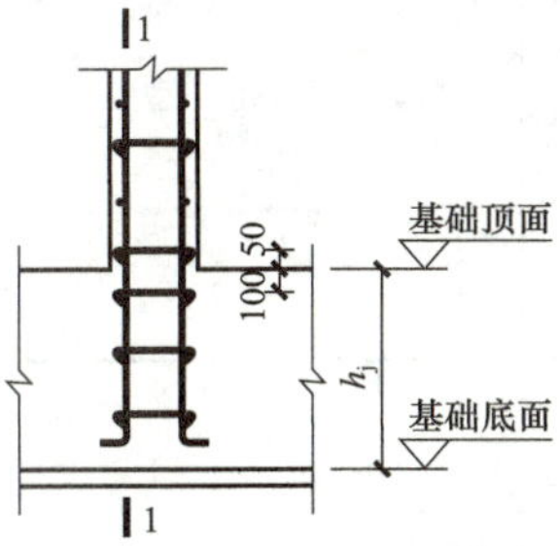	(1)墙身水平分布筋间距≤500 mm，且不小于两道 (2)基础顶面起步距离为50 mm	(1)基础水平钢筋单排根数 $n_1 = (h_j - c - 100)/500 + 1$ 注：h_j——基础厚度 c——基础保护层厚度
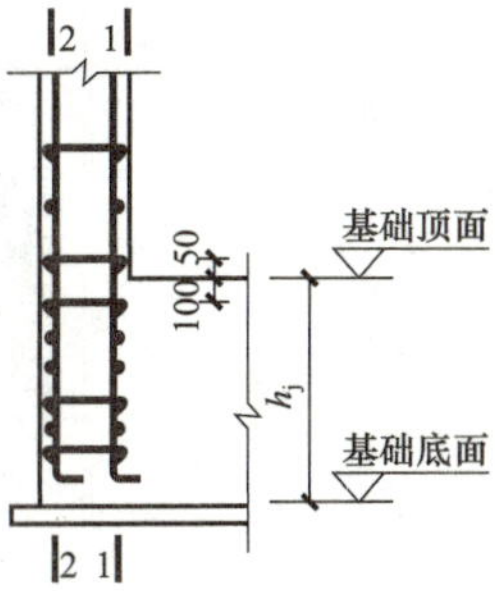	(1)锚固区横向钢筋(墙身水平筋)间距≤5d(d为插筋最小直径，且≤100 mm) (2)基础顶面起步距离为50 mm	(2)基础水平钢筋单排根数 $n_2 = \max(2, n_1)$

(2)剪力墙中间层水平钢筋根数的计算(表3-7)。

表3-7 剪力墙中间层水平钢筋根数计算

钢筋构造	钢筋构造要点	计算公式
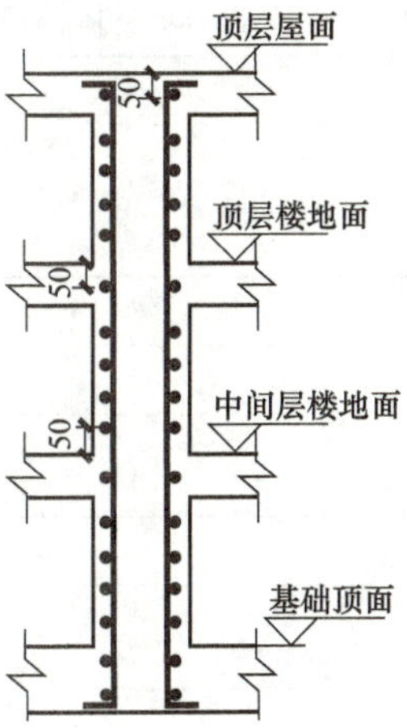	(1)中间层距楼面底起步距离为50 mm (2)中间层距楼地面起步距离为50 mm	根数＝(层高－100)/间距＋1

（3）剪力墙顶层水平钢筋根数的计算(表 3-8)。

表 3-8 剪力墙顶层水平钢筋根数计算

钢筋构造	钢筋构造要点	计算公式
	(1)墙身水平钢筋在楼板、屋面板连续布置 (2)起步距离：水平钢筋在楼面起步距离为 50 mm	根数＝(层高－起步)/间距＋1

3. 剪力墙水平钢筋计算案例

【例 3-1】 求图 3-38 所示水平钢筋的长度及根数，相关资料见表 3-9。

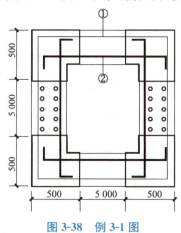

剪力墙水平钢筋的计算

图 3-38 例 3-1 图

表 3-9 例 3-1 表

混凝土强度	水平和垂直配筋	保护层/mm	抗震等级	定尺长度/mm	层高/mm	连接方式
C30	2Φ14@200	15	一级	9 000	3 000	绑扎

【解】 Φ14 剪力墙水平钢筋的计算过程见表 3-10。

表 3-10 Φ14(剪力墙水平钢筋)计算过程

第一步	查表计算抗震锚固长度 l_{aE}	$l_{aE}=35d=35×14=490(mm)$
第二步	①外侧水平钢筋长度	＝墙长－2c＋1.2l_{aE}×2
		＝(5 000＋500＋500)－2×15＋1.2×490×2
		＝7 146(mm)
	②内侧水平钢筋长度	＝墙长－2c＋15d×2
		＝(5 000＋500＋500)－2×15＋15×14×2
		＝6 390(mm)
第三步	根数	＝(层高－100)/间距＋1
		＝(3 000－100)/200＋1＝16(根)

★3.4.2 剪力墙竖向钢筋的计算★

1. 剪力墙竖向钢筋长度的计算

(1)剪力墙基础内竖向钢筋长度的计算(表3-11)。

表3-11 剪力墙基础内竖向钢筋长度的计算

钢筋构造	钢筋构造要点	计算公式
(图示:墙外侧插筋保护层厚度>5d,标注100、50、h_j,基础顶面、基础底面)	墙外侧插筋保护层厚度>5d (1) $h_j > l_{aE}$ 墙竖向钢筋插到基础底弯折 6d (2) $h_j \leq l_{aE}$ 墙竖向钢筋插到基础底弯折 15d	(1) $h_j > l_{aE}$ 墙竖向钢筋长度 $= h_j - c + 6d + 1.2 l_{aE}$ (1) $h_j > l_{aE}$ 墙竖向钢筋长度 $= h_j - c + 15d + 1.2 l_{aE}$
(图示:墙外侧插筋保护层厚度≤5d,标注100、50、h_j,基础顶面、基础底面)	墙外侧插筋保护层厚度≤5d (1) $h_j > l_{aE}$ ①墙外侧竖向筋插到基底弯折 15d ②墙内侧竖向筋插到基底弯折 6d (2) $h_j \leq l_{aE}$ 墙竖向钢筋插到基础底弯折 15d	(1) $h_j > l_{aE}$ ①墙外侧竖向钢筋长度 $= h_j - c + 15d + 1.2 l_{aE}$ ②墙内侧竖向钢筋长度 $= h_j - c + 6d + 1.2 l_{aE}$ (2) $h_j \leq l_{aE}$ 墙竖向钢筋长度 $= h_j - c + 15d + 1.2 l_{aE}$

(2)首层及中间层剪力墙竖向钢筋长度的计算(表3-12)。

表3-12 首层及中间层剪力墙竖向钢筋长度的计算

钢筋构造	钢筋构造要点	计算公式
(图示:标注≥1.2l_{aE} (≥1.2l_{aE})、500、≥1.2l_{aE} (≥1.2l_{aE})、≥0,楼板顶面、基础顶面)	竖向钢筋搭接连接: (1)墙竖向钢筋采用绑扎搭接,伸出基础错开搭接 1.2l_{aE} (2)一、二级抗震竖向钢筋错开 500 mm 连接	中间层纵筋长度=层高+1.2l_{aE}

103

续表

钢筋构造	钢筋构造要点	计算公式
	一、二级抗震等级剪力墙非底部加强部位或三、四级抗震及非抗震可不错开连接	中间层纵筋长度＝层高＋$1.2l_{aE}$
	墙竖向钢筋采用机械连接，相邻两钢筋交错连接	中间层纵筋长度＝层高＋500
	墙竖向钢筋采用焊接连接，相邻两钢筋交错连接	中间层纵筋长度＝层高＋500

(3)顶层剪力墙竖向钢筋长度的计算(表 3-13)。

表 3-13　顶层剪力墙竖向钢筋长度的计算

钢筋构造	钢筋构造要点	计算公式
≥12d ≥12d　墙	墙身竖向钢筋伸至板顶，弯折 12d	顶层纵筋长度＝顶层层高－保护层厚度＋12d（注：采用机械连接或焊接顶层纵筋长度＝顶层层高－下一层预留长度－保护层厚度＋12d）
边框梁　$l_{aE}(l_a)$　墙	剪力墙顶为边框梁，墙身竖向钢筋锚入边框梁，锚固长度为 l_{aE}	顶层纵筋长度＝顶层层高－保护层厚度－梁高＋直锚长度

2. 剪力墙竖向钢筋根数的计算

(1)端部无柱时竖向钢筋根数的计算(表 3-14)。

表 3-14　端部无柱时竖向钢筋根数的计算

钢筋构造	钢筋构造要点	计算公式
10d　每道水平分布钢筋均设双列拉筋	墙端部无柱时，竖向钢筋距墙外边缘的间距为 1 个保护层厚度(保护层厚度一般取钢筋间距 s)	根数＝$(L_n－2×s)/s＋1$（L_n 为墙净长，s 为墙身竖向筋间距）

(2)端部有柱时竖向钢筋根数的计算(表 3-15)。

表 3-15　端部有柱时竖向钢筋根数的计算

钢筋构造	钢筋构造要点	计算公式
纵筋、箍筋及拉筋详见设计标注　b_w　≥b_w，≥400	墙端为构造性柱，墙身竖向钢筋在墙净长范围内布置，起步距离为一个钢筋间距(s)	根数＝$(L_n－2×s)/s＋1$（L_n 为墙净长，s 为墙身竖向筋间距）
纵筋、箍筋详见设计标注　非阴影区封闭箍筋及拉筋详见设计标注　b_w　≥b_w 且≥400　l_c	墙端为约束性柱，约束性柱的扩展部位配置墙身钢筋(间距配合该部位拉筋间距)；扩展部位以外，正常布置墙竖向钢筋	

3. 剪力墙竖向钢筋计算案例

【例 3-2】 求图 3-39 所示垂直钢筋（中间层）的长度及根数，相关资料见表 3-16。

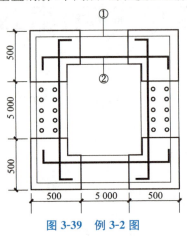

图 3-39 例 3-2 图

表 3-16 例 3-2 表

混凝土强度	水平和垂直配筋	保护层/mm	抗震等级	定尺长度/mm	层高/mm	连接方式
C30	2Φ14@200	15	一级	9 000	3 000	绑扎

【解】 Φ14 剪力墙中间层竖向钢筋长度及根数的计算过程见表 3-17。

表 3-17 Φ14（剪力墙中间层竖向钢筋）计算过程

第一步	查表计算抗震锚固长度 l_{aE}	$l_{aE}=35d=35\times14=490(mm)$
第二步	中间层垂直筋长度	=层高+$1.2l_{aE}$
		=3 000+1.2×490=3 588(mm)
第三步	根数	=（净长−间距×2）/间距+1
		=（5 000−400）/200+1=24（根）

★3.4.3 变截面剪力墙钢筋的计算★

1. 剪力墙水平变截面钢筋长度的计算

剪力墙水平变截面钢筋长度的计算见表 3-18。

表 3-18 剪力墙水平变截面钢筋的计算

钢筋构造	钢筋构造要点	计算公式
	钢筋在端柱内锚固： (1)同一截面的外侧纵筋连续通过 (2)墙宽小的纵向钢筋直锚通过 (3)墙宽大的一侧纵向钢筋伸至墙面弯折 15d	截面大的一侧水平筋在墙内长度=墙宽−保护层厚度+15d 截面小的一侧水平筋在墙内的长度=$1.2l_{aE}$

2. 剪力墙水平变截面钢筋计算案例

【例3-3】 剪力墙水平筋信息为⌀12的三级钢筋，保护层厚度为15 mm，两排设置，混凝土强度等级为C30，一级抗震，环境类别为一类，求水平钢筋长度(图3-40)。

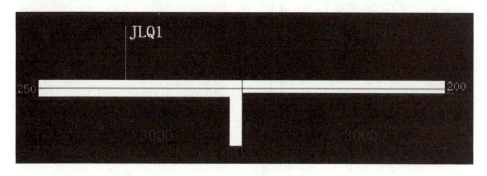

图3-40 例3-3图

【解】 ⌀12水平钢筋长度的计算过程见表3-19。

表3-19 ⌀12(水平钢筋)的计算过程

第一步	查表计算抗震锚固长度	$l_{aE}=33 \times d=33 \times 12=396(mm)$
第二步	外层水平筋长度	=剪力墙长－2×保护层厚度+10d×2
		=3 000+3 000－15×2+10×12×2=6 210(mm)
	根数	假设 $n=10$
第三步	内层水平筋长度	=墙长－2×保护层厚度+10d+15d+墙长－保护层厚度+10d+1.2l_{aE}
		=3 000－15×2+10×12+15×12+3 000－15+10×12+1.2×396
		=6 850(mm)
	根数	假设 $n=10$

3. 剪力墙竖向变截面钢筋长度的计算

剪力墙竖向变截面钢筋长度的计算见表3-20。

表3-20 剪力墙竖向变截面钢筋长度的计算

钢筋构造	钢筋构造要点	计算公式
(图示：楼板，≥12d，1.2l_{aE}，墙水平分布钢筋，墙身或边缘构件)	钢筋在端柱内锚固： (1)变截面差值△≤30时，竖向钢筋连续通过(见16G101－1 P74) (2)变截面差值△>30时，下部钢筋伸至板顶向内弯折12d，上部钢筋伸入下部墙内1.2l_{aE} (3)当剪力墙一面不存在截面差值时，可连续通过(见16G101－1 P74)	①首层(中间层)竖筋长度 =层高－保护层厚度+12d ①顶层竖筋=层高－保护层厚度+1.2l_{aE}+12d

4. 剪力墙竖向变截面钢筋计算案例

【例 3-4】 求图 3-41 所示竖向钢筋长度，相关资料见表 3-21。

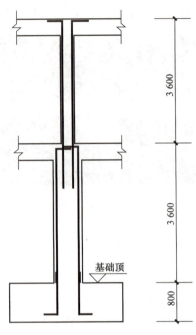

图 3-41 例 3-4 图

表 3-21 例 3-4 表

混凝土强度	垂直筋	保护层/mm	抗震等级	环境类别	层高/mm	柱顶类型	变截面差值
C30	⊕12@200	15	一级	一	3 600	中柱	Δ>30

【解】 ⊕12 剪力墙基础插筋的计算过程见表 3-22。

表 3-22 ⊕12（剪力墙基础插筋）的计算过程

第一步	查表计算 l_{aE}	$l_{aE}=40d=40×12=480$；$h_j>l_{aE}$
第二步	基础插筋	=弯折长度 $6d+h_j-$保护层厚度+搭接长度 $1.2l_{aE}$ $=6×12+800-40+1.2×480=1\ 408(mm)$
	根数	假设 $n=10$
第三步	一层竖筋	=层高-保护层厚度+$12d$ $=3\ 600-15+12×12=3\ 729(mm)$
	根数	假设 $n=10$
第四步	顶层竖筋	=层高-保护层厚度+$1.2l_{aE}+12d$ $=3\ 600-15+1.2×480+12×12=4\ 305(mm)$
	根数	假设 $n=10$

★3.4.4 剪力墙墙梁钢筋的计算★

1. 连梁钢筋长度的计算

连梁钢筋长度的计算见表3-23。

表3-23 连梁钢筋长度的计算

钢筋构造	钢筋构造要点	计算公式
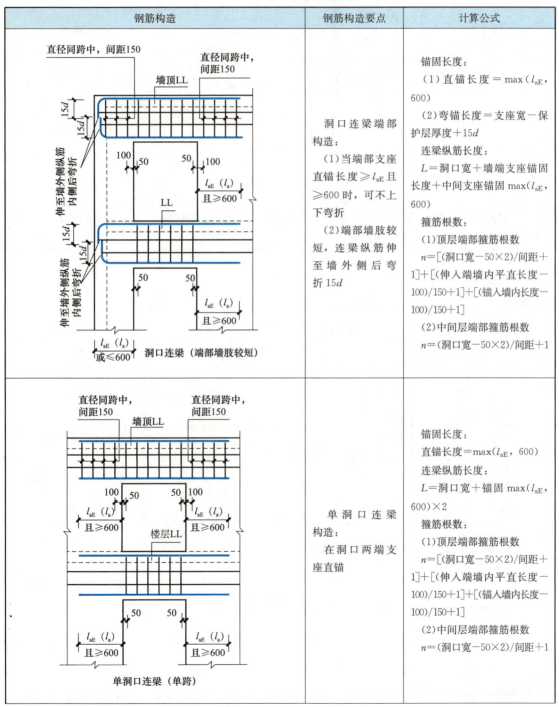 洞口连梁（端部墙肢较短）	洞口连梁端部构造： (1) 当端部支座直锚长度≥l_{aE}且≥600时，可不上下弯折 (2) 端部墙肢较短，连梁纵筋伸至墙外侧后弯折15d	锚固长度： (1) 直锚长度＝max(l_{aE},600) (2) 弯锚长度＝支座宽－保护层厚度＋15d 连梁纵筋长度： L＝洞口宽＋墙端支座锚固长度＋中间支座锚固max(l_{aE},600) 箍筋根数： (1) 顶层端部箍筋根数 n＝[(洞口宽－50×2)/间距＋1]＋[(伸入端墙内平直长度－100)/150＋1]＋[(锚入墙内长度－100)/150＋1] (2) 中间层端部箍筋根数 n＝(洞口宽－50×2)/间距＋1
单洞口连梁（单跨）	单洞口连梁构造： 在洞口两端支座直锚	锚固长度： 直锚长度＝max(l_{aE},600) 连梁纵筋长度： L＝洞口宽＋锚固 max(l_{aE},600)×2 箍筋根数： (1) 顶层端部箍筋根数 n＝[(洞口宽－50×2)/间距＋1]＋[(伸入端墙内平直长度－100)/150＋1]＋[(锚入墙内长度－100)/150＋1] (2) 中间层端部箍筋根数 n＝(洞口宽－50×2)/间距＋1

续表

钢筋构造	钢筋构造要点	计算公式
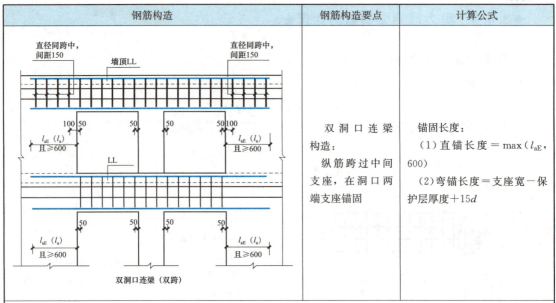 双洞口连梁（双跨）	双洞口连梁构造：纵筋跨过中间支座，在洞口两端支座锚固	锚固长度： （1）直锚长度 = max(l_{aE}, 600) （2）弯锚长度 = 支座宽 − 保护层厚度 + 15d

注：①中间层连梁，箍筋在洞口范围内布置，起步距离为 50 mm；
②顶层连梁，箍筋在连梁纵筋水平长度范围内布置，在支座范围内箍筋间距为 50 mm，直径同跨中，跨中起步距离为 50 mm，支座内起步距离为 100 mm。

2. 暗梁钢筋长度的计算

暗梁钢筋长度的计算见表 3-24。

表 3-24 暗梁钢筋长度的计算

钢筋构造	钢筋构造要点	计算公式
节点做法同框架结构 顶层BKL或AL，↓50	顶层暗梁钢筋锚固同屋面框架梁，伸至端部弯折 15d	长度计算同框架梁
节点做法同框架结构 楼层BKL或AL，↓50 注：箍筋在暗梁净长范围内布置	中间层暗梁，端部锚固伸至对边弯折 15d	锚固长度 = 支座宽 − c + 15d

注：箍筋在暗梁净长范围内布置。

3. 边框梁(BKL)钢筋长度的计算

边框梁(BKL)钢筋长度的计算见表3-25。

表3-25 边框梁(BKL)钢筋长度的计算

钢筋构造	钢筋构造要点	计算公式
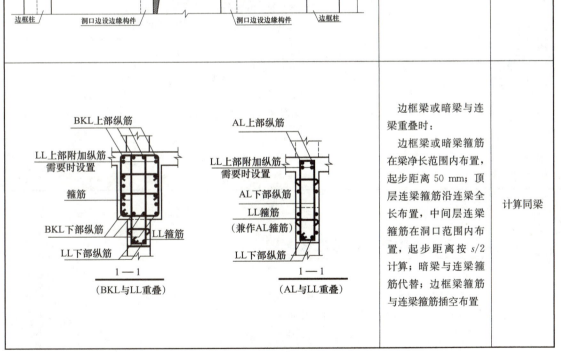	边框梁或暗梁与连梁重叠时：边框梁或暗梁纵筋算至连梁边，边框梁或暗梁纵筋与连梁纵筋位置与规格相同时，纵筋贯通，规格不同时则相互搭接；端部构造同框架结构	计算同梁
	边框梁或暗梁与连梁重叠时：边框梁或暗梁箍筋在梁净长范围内布置，起步距离50 mm；顶层连梁箍筋沿连梁全长布置，中间层连梁箍筋在洞口范围内布置，起步距离按 $s/2$ 计算；暗梁与连梁箍筋代替；边框梁箍筋与连梁箍筋插空布置	计算同梁

4. 剪力墙连梁钢筋计算案例

【例3-4】 中间层连梁，混凝土强度等级为C30，一级抗震，环境类别为一类，求连梁内钢筋长度(图3-42)。

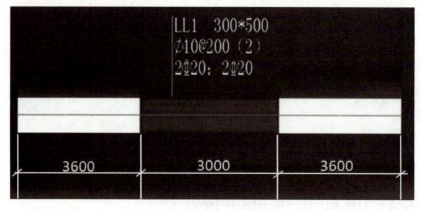

图 3-42　例 3-4 图

【解】 ⌀20 上、下部通长筋的计算过程见表 3-26。

表 3-26　⌀20(上、下部通长筋)的计算过程

第一步	查表计算 l_{aE}	$l_{aE}=40d=40\times20=800(mm)$
第二步	上部纵筋长	=洞口宽+max(l_{aE}，600)×2 =3 000+max(800，600)×2=4 600(mm)
	上部纵筋根数	$n=2$
第三步	下部纵筋长	=洞口宽+max(l_{aE}，600)×2 =3 000+max(800，600)×2=4 600(mm)
	下部纵筋根数	$n=2$
第四步	箍筋长度	=周长-8×保护层厚度+1.9d+max(10d，75)×2 =(300+500)×2-8×15+1.9×10×2+10×10×2 =1 718(mm)
	箍筋根数	=(洞口宽-50×2)/200+1 =(3 000-100)/200+1 =16(根)

★3.4.5　剪力墙钢筋工程量汇总★

1. 手工计算的汇总技巧

(1)利用 Word 软件设计钢筋工程量明细表；
(2)以具体的构件为主线分类；按计算顺序分项；
(3)横向栏按相同的钢筋级别和直径归项计算；
(4)按相同的钢筋级别和直径汇总计算。

2. 汇总表的填写

剪力墙构件钢筋工程量明细表见表 3-27。

表 3-27 剪力墙构件钢筋工程量明细表

构件名称 Q1								构件数量 1 根
筋号	级别	直径	钢筋图形	单长	根数	总长/m	线密度	总质量/kg
①号水平筋	Φ	14	左⎾‾‾⎿右	5 146	16	82.34	1.208	99.47
②号水平筋	Φ	14	左⎾‾‾⎿右	4 390	16	70.24	1.208	84.85
中间层竖向钢筋	Φ	14	下⎿‾‾⎾上	3 588	24	86.11	1.208	104.02
变截面外侧水平筋	⊈	12	下————上	6 210	10	62.10	0.888	55.14
变截面内侧水平筋	⊈	12	左⎿右‾‾⎾	6 850	10	68.50	0.888	68.83
基础插筋	⊈	12	下⎿‾‾⎾上	1 408	10	14.08	0.888	12.50
变截面墙一层竖筋	⊈	12	下⎿‾‾⎾上	3 729	10	37.29	0.888	33.11
变截面墙顶层竖筋	⊈	12	下⎿‾‾⎾上	4 305	10	43.05	0.888	38.23
剪力墙连梁 LL1 上部纵筋长	⊈	20	下⎿‾‾⎾上	4 600	2	9.22	2.466	22.74
剪力墙连梁 LL1 下部纵筋长	⊈	20	左————右	4 600	2	9.22	2.466	22.74
剪力墙连梁箍筋	Φ	10	左————右	1 718	16	27.49	0.617	16.96

剪力墙钢筋工程量计算(拓展知识)

3.5 剪力墙的钢筋计算(施工下料方向)

★3.5.1 钢筋翻样基础知识★

1. 剪力墙墙身水平钢筋下料方法

(1)端部无暗柱时剪力墙水平分布筋计算。

1)水平锚固(一)——直筋,如图 3-43 所示。

加工尺寸及下料长度:$L=L_1=$ 墙长 $N-2\times$ 设计值

2)水平锚固(一)——U 形筋,如图 3-43 所示。

加工尺寸:$L_1=$ 设计值 $+l_{lE}-$ 保护层厚度

$\qquad L_2=$ 墙厚 $M-2\times$ 保护层厚度

下料长度:$L=2L_1+L_2-2\times 90°$ 量度差

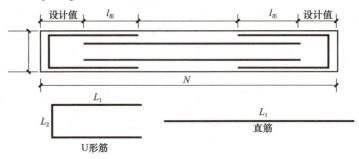

图 3-43 端部无暗柱时剪力墙水平筋锚固(一)示意

3)水平锚固(二),如图 3-44 所示。

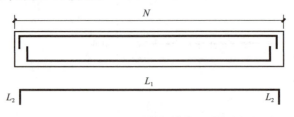

图 3-44 端部无暗柱时剪力墙水平筋锚固(二)示意

加工尺寸:$L_1=$ 墙长 $N-2\times$ 保护层厚度

$\qquad L_2=15d$

下料长度:$L=L_1+2\times L_2-2\times 90°$ 量度差值

(2)端部有暗柱时剪力墙水平分布筋计算。端部有暗柱时剪力墙水平分布筋锚固,如图 3-45 所示。

加工尺寸:$L_1=$ 墙长 $N-2\times$ 保护层厚度 $-2d$

其中,d 为竖向纵筋直径。

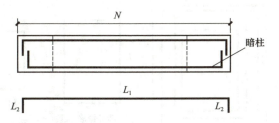

图 3-45 端部有暗柱时剪力墙水平分布筋锚固示意

$L_2=15d$

下料长度：$L=L_1+2L_2-90°$量度差值

(3)端部为墙的L形墙水平分布筋计算。两端为墙的L形墙水平分布筋锚固，如图 3-46 所示。

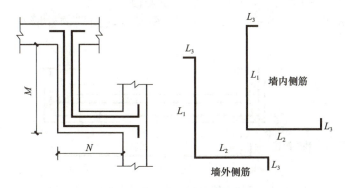

图 3-46 两端为墙的 L 形墙水平分布筋锚固示意

1)墙外侧筋。

加工尺寸：$L_1=M-$保护层厚度$+0.4l_{aE}$伸至对边
　　　　　$L_2=N-$保护层厚度$+0.4l_{aE}$伸至对边
　　　　　$L_3=15d$

下料长度：$L=L_1+L_2+2L_3-3×90°$量度差值

2)墙内侧筋。

加工尺寸：$L_1=M-$墙厚$+$保护层厚度$+0.4l_{aE}$伸至对边
　　　　　$L_2=N-$墙厚$+$保护层厚度$+0.4l_{aE}$伸至对边
　　　　　$L_3=15d$

下料长度：$L=L_1+L_2+2L_3-3×90°$量度差值

(4)闭合墙水平分布筋计算。闭合墙水平分部筋锚固示意图，如图 3-47 所示。

1)墙外侧筋。

加工尺寸：$L_1=M-2×$保护层厚度
　　　　　$L_2=N-2×$保护层厚度

下料长度：$L=2L_1+2L_2+2L_3-4×90°$量度差值

2)墙内侧筋。

加工尺寸：$L_1=M-$墙厚$+2×$保护层厚度$+2d$

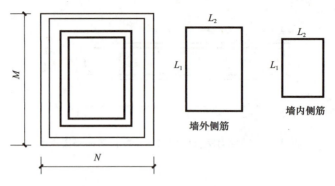

图 3-47 闭合墙水平分部筋锚固示意

$L_2 = N - 墙厚 + 2 \times 保护层厚度 + 2d$

下料长度：$L = 2L_1 + 2L_2 + 2L_3 - 4 \times 90°量度差值$

（5）两端为转角墙的外墙水平分布筋计算。两端为转角墙的外墙水平分部筋锚固，如图 3-48 所示。

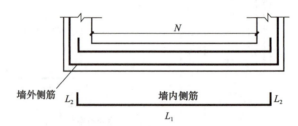

图 3-48 两端为转角墙的外墙水平分布筋锚固示意

1）墙内侧筋。

加工尺寸：$L_1 = 墙长 N + 2 \times 0.4l_{aE}伸至对边$

　　　　　$L_2 = 15d$

下料长度：$L = L_1 + 2L_2 - 2 \times 90°量度差值$

2）墙外侧筋。墙外侧水平分布筋的计算方向同闭合墙水平分布筋外侧筋计算。

（6）两端为墙的 U 形墙的水平分布筋锚固如图 3-49 所示。

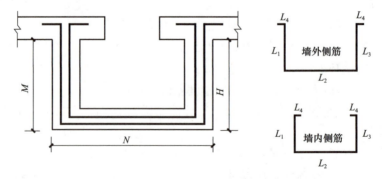

图 3-49 两端为墙的 U 形墙的水平分布筋锚固示意

1）墙外侧筋。

加工尺寸：$L_1 = M - 保护层厚度 + 0.4l_{aE}伸至对边$

L_2 = 墙长 N - 2×保护层厚度

L_3 = H - 保护层厚度 + $0.4l_{aE}$伸至对边

L_4 = 15d

下料长度：$L = L_1 + L_2 + L_3 + 2L_4 - 4×90°$量度差值

2）墙内侧筋。

加工尺寸：L_1 = M - 保护层厚度 + $0.4l_{aE}$伸至对边

L_2 = 墙长 N - 2×墙厚 + 2×保护层厚度

L_3 = H - 墙厚 + 保护层厚度 + $0.4l_{aE}$伸至对边

L_4 = 15d

下料长度：$L = L_1 + L_2 + L_3 + 2L_4 - 4×90°$量度差值

(7) 两端为墙的室内墙的水平分布筋计算。两端为墙的室内墙水平分布筋锚固，如图3-50所示。

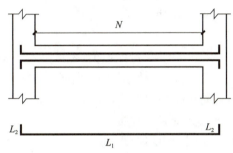

图3-50 两端为转角墙的外墙水平分布筋锚固示意

加工尺寸：L_1 = 墙长 N + 2×$0.4l_{aE}$伸至对边

L_2 = 15d

下料长度：$L = L_1 + 2L_2 - 2×90°$量度差值

(8) 一端为柱、另一端为墙的外墙内侧水平分布筋计算。一端为柱、另一端为墙的外墙内侧水平分布筋锚固，如图3-51所示。

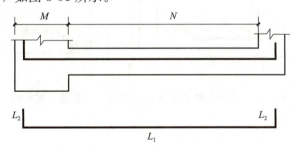

图3-51 一端为柱、另一端为墙的外墙内侧水平分布筋锚固示意

1) 内侧水平分布筋在端柱中弯锚。如图3-51所示，M - 保护层厚度 < l_{aE}时，内侧水平分布筋在端柱中弯锚。

加工尺寸：L_1 = 墙长 N + 2×$0.4l_{aE}$伸至对边

L_2 = 15d

下料长度：$L = L_1 + 2L_2 - 2×90°$量度差值

2)内侧水平分布筋在端柱中直锚。如图 3-51 所示，$M-$保护层厚度$>l_{aE}$时，内侧水平分布筋在端柱中直锚，这时钢筋左侧没有 L_2。

加工尺寸：$L_1=$墙长 $N+0.4l_{aE}$伸至对边$+l_{aE}$

$L_2=15d$

下料尺寸：$L=L_1+L_2-2\times 90°$量度差值

(9)两端为柱的 U 形外墙的水平分布筋计算。两端为柱的 U 形外墙水平分布筋锚固如图 3-52 所示。

1)墙外侧水平分布筋计算。

①墙外侧水平分布筋在端柱中弯锚。如图 3-52 所示，$M-$保护层厚度$<l_{aE}$及 $K-$保护层厚度$<l_{aE}$时，外侧水平分布筋在端柱中弯锚。

加工尺寸：$L_1=$墙长 $N+0.4l_{aE}$伸至对边$-$保护层

$L_2=$墙长 $H-2\times$保护层厚度

$L_3=G+0.4l_{aE}$伸至对边$-$保护层厚度

$L_4=15d$

下料长度：$L=L_1+L_2+2L_4-4\times 90°$量度差值

②墙外侧水平分布筋在端柱中直锚。如图 3-52 所示，$M-$保护层厚度$>l_{aE}$及 $K-$保护层厚度$>l_{aE}$时，外墙水平分布筋在端柱中直锚，该处没有 L_4。

加工尺寸：$L_1=$墙长 $N+l_{aE}-$保护层厚度

$L_2=$墙长 $H-2\times$保护层厚度

$L_3=G+l_{aE}-$保护层厚度

下料长度：$L=L_1+L_2+L_3-2\times 90°$量度差值

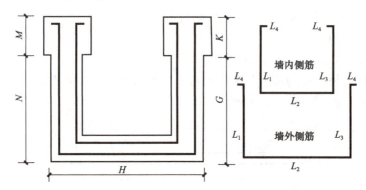

图 3-52　两端为柱的 U 形外墙的水平分布筋锚固示意

2)墙内侧水平分布筋计算。

①墙内侧水平分布筋在端柱中弯锚。如图 3-52 所示，$M-$保护层厚度$<l_{aE}$及 $K-$保护层厚度$<l_{aE}$时，外侧水平分布筋在端柱中弯锚。

加工尺寸：$L_1=$墙长 $N+0.4l_{aE}$伸至对边$-$墙厚$+$保护层厚度$+d$

$L_2=$墙长 $H-2\times$墙厚$+2\times$保护层厚度$+2d$

$L_3=G+0.4l_{aE}$伸至对边$-$墙厚$+$保护层厚度$+d$

$L_4=15d$

下料长度：$L=L_1+L_2+L_3+2L_4-4\times 90°$量度差值

②墙内侧水平分布筋在端柱中弯锚。如图3-53所示，$M-$保护层厚度$>l_{aE}$及$K-$保护层厚度$>l_{aE}$时，外侧水平分布筋在端柱中直锚，该处没有L_4。

加工尺寸：$L_1=$墙长$N+l_{aE}$伸至对边$-$墙厚$+$保护层厚度$+d$

$L_2=$墙长$H-2\times$墙厚$+2\times$保护层厚度$+2d$

$L_3=G+l_{aE}-$墙厚$+$保护层厚度$+d$

下料长度：$L=L_1+L_2+L_3-2\times 90°$量度差值

(10) 一端为柱、另一端为墙的L形外墙水平分布筋计算。一端为柱、另一端为墙的L形外墙水平分布筋锚固如图3-53所示。

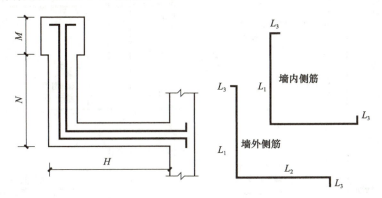

图3-53 一端为柱、另一端为墙的L形外墙水平分布筋锚固示意

1) 墙外侧水平分布筋计算。

①墙外侧水平分布筋在端柱中弯锚。如图3-53所示，$M-$保护层厚度$<l_{aE}$时，外侧水平分布筋在端柱中弯锚。

加工尺寸：$L_1=$墙长$N+0.4l_{aE}$伸至对边$-$保护层厚度

$L_2=$墙长$H+0.4l_{aE}$伸至对边$-$保护层厚度

$L_3=15d$

下料长度：$L=L_1+L_2+2L_3-3\times 90°$量度差值

②墙外侧水平分布筋在端柱中弯锚。如图3-53所示，$M-$保护层厚度$>l_{aE}$时，外侧水平分布筋在端柱中直锚，该处无L_3。

加工尺寸：$L_1=$墙长$N+l_{aE}-$保护层厚度

$L_2=$墙长$H+0.4l_{aE}$伸至对边$-$保护层厚度

下料长度：$L=L_1+L_2-2\times 90°$量度差值

2) 墙内侧水平分布筋计算。

①墙内侧水平分布筋在端柱中弯锚。如图3-53所示，$M-$保护层厚度$<l_{aE}$时，内侧水平分布筋在端柱中弯锚。

加工尺寸：$L_1=$墙长$N+0.4l_{aE}$伸至对边$-$墙厚$+$保护层厚度$+d$

$L_2=$墙长$H+0.4l_{aE}$伸至对边$-$墙厚$+$保护层厚度$+d$

$L_3=15d$

下料长度：$L=L_1+2L_2+2L_3-3\times 90°$量度差值

②墙内侧水平分布筋在端柱中直锚。如图3-53所示，$M-$保护层厚度$>l_{aE}$时，外侧水平分布筋在端柱中直锚，该处无L_3。

加工尺寸：L_1=墙长 N+0.4l_{aE}伸至对边一墙厚+保护层厚度+d
　　　　　L_2=墙长 H+0.4l_{aE}伸至对边一墙厚+保护层厚度+d
下料长度：$L=L_1+L_2-2×90°$量度差值

2. 剪力墙墙身竖向钢筋

剪力墙竖向分布筋连接构造如图 3-54 所示。

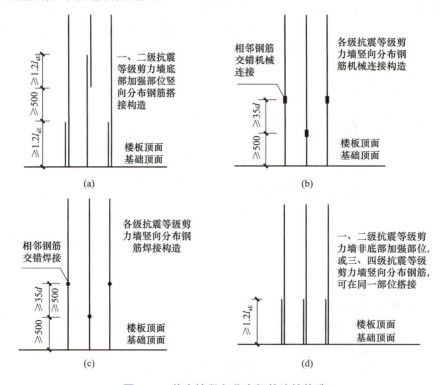

图 3-54　剪力墙竖向分布钢筋连接构造

(1)边墙墙身外侧和中墙顶层竖向筋。由于长、短筋交替放置，所以有长 L_1 和短 L_1 之分。边墙外侧筋和中墙筋的计算方法相同，它们共同的计算公式列于表 3-28 中。

表 3-28　剪力墙边墙(贴墙外侧)、中墙墙身顶层竖向分布筋

抗震等级	连接方法	d/mm	钢筋级别	长 L_1	短 L_1	钩	L_2
一、二	搭接	≤28	HPB300 HRB335	层高－保护层厚度	层高－1.3l_{lE}－保护层厚度		
			HPB300	层高－保护层厚度+5d 直钩	层高－1.3l_{lE}－保护层厚度+5d 直钩	5d	l_{aE}－顶板厚+保护层厚度
三、四	搭接	≤28	HRB335 HRB400	层高－保护层厚度	无短 L_1		
			HPB300	层高－保护层厚度+5d 直钩		5d	
一、二 三、四	机械连接	>28	HPB300 HRB335 HRB400	层高－500－保护层厚度	层高－500－35d－保护层厚度		

从表 3-21 中可以看出，长 L_1 和短 L_1 是随着抗震等级、连接方法、直径大小和钢筋级别的不同而不同。但是，它们的 L_2 却都是相同的。

边墙外侧和中墙的顶层钢筋如图 3-55 所示。图 3-56 的左边是边墙的外侧顶层筋图，右边是中墙的顶层筋图。

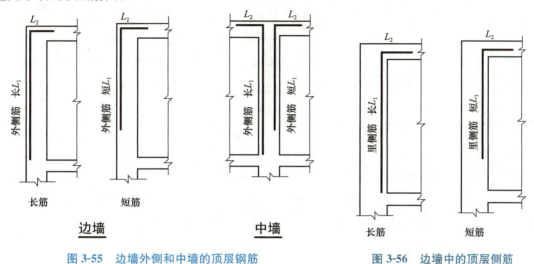

图 3-55　边墙外侧和中墙的顶层钢筋　　　　图 3-56　边墙中的顶层侧筋

表 3-28 中有 l_{lE}，在表 0-9 中可以查表计算。

图 3-56 是边墙中的顶层侧筋，表 3-29 是它的计算公式。

表 3-29　剪力墙边墙墙身顶层(贴墙里侧)竖向分布筋

抗震等级	连接方法	d/mm	钢筋级别	长 L_1	短 L_1	钩	L_2
一、二	搭接	≤28	HRB335 HRB400	层高－保护层厚度－d－30	层高－1.3l_{lE}－保护层厚度＋5d 直钩		l_{aE}－顶板厚＋保护层厚度＋d＋30
一、二	搭接	≤28	HPB300	层高－保护层厚度－d－30＋5d 直钩	层高－1.3l_{lE}－d－30＋5d 直钩－保护层厚度	5d	
三、四	搭接	≤28	HRB335 HRB400	层高－保护层厚度－d－30	无短 L_1		
三、四	搭接	≤28	HPB300	层高－保护层厚度－d－30＋5d 直钩	无短 L_1	5d	
一、二 三、四	机械连接	＞28	HPB300 HRB335 HRB400	层高－500－保护层厚度－d－30	层高－500－35d－保护层厚度－d－30		

(2)边墙和中墙的中、底层竖向钢筋。表 3-30 中列出了边墙和中墙的中、底层竖向筋的计算方法。图 3-57 是表 3-23 的图解说明。在连接方法中，机械连接不需要搭接，所以，中、底层竖向筋的长度就等于层高。搭接就不一样，它需要一样搭接长度 l_{lE}。但是，如果搭接的钢筋是 HPB300 级，它的端头需要加工成 90°弯钩，钩长为 5d。注意，机械连接适用于钢筋直径大于 28 mm。

表 3-30　剪力墙边墙和中墙墙身的中、底层竖向筋

抗震等级	连接方法	d/mm	钢筋级别	钩	L_1
一、二	搭接	≤28	HRB335、HRB400		层高+l_{lE}
			HPB300	5d(直钩)	层高+l_{lE}
三、四	搭接	≤28	HRB335、HRB400		层高+l_{lE}
			HPB300	5d(直钩)	层高+l_{lE}
一、二、三、四	机械连接	>28	HPB300、HRB335 HRB400		层高

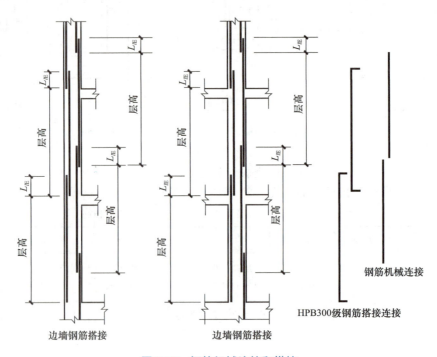

图 3-57　钢筋机械连接和搭接

★3.5.2　钢筋翻样实操案例★

【例 3-5】 已知：四级抗震剪力墙边墙墙身顶层竖向分布筋，如图 3-58 所示，钢筋规格为 φ20（即 HPB300 级钢筋，直径为 20 mm），混凝土强度等级为 C30，搭接连接，层高为 3.3 m，板厚为 150 mm，保护层厚度为 15 mm。

剪力墙边墙墙身顶层竖向分布筋下料长度计算表和下料单，见表 3-31 和表 3-32。

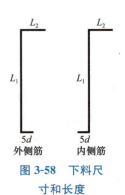

图 3-58　下料尺寸和长度

表 3-31　剪力墙钢筋下料长度计算表

钢筋名称	编号	钢筋规格		计算式	根数	总长/m
外侧筋	①	φ20	L_1	L_1=层高－保护层厚度+5d 直钩=3 300－15+100=3 385(mm)	假设10根	39.15
		φ20	L_2	$L_2=l_{aE}$－顶板厚+保护层厚度=30d－150+15=465(mm)		
		φ20	直钩	钩=5d=100 mm		
		φ20	下料长度	L=3 385+465+100－1.751d=3 385+465+100－35=3 915(mm)		
内侧纵筋	②	φ20	L_1	L_1=3 300－15－d－30+5d=3 335(mm)	假设10根	39.15
		φ20	L_2	$L_2=l_{aE}$－顶板厚+保护层厚度+d+30=30d－150+15+20+30=515(mm)		
		φ20	直钩	钩=5d=100 mm		
		φ20	下料长度	L=3 335+515+100－1.751d=3 335+515+100－35=3 915(mm)		

表 3-32　剪力墙钢筋下料单

构件名称	编号	简图	钢筋规格	下料长度/mm	合计根数	总长/m	备注
Q1	①	上465　100下　3 385	φ20	3 915	假设10根	39.15	外侧筋
	②	上515　100下　3 335	φ20	3 915	假设10根	39.15	内侧筋
质量合计：φ20；193 kg							

本章总结

通过本单元的学习，要求掌握以下内容：

1. 剪力墙结构施工图中列表注写方式与截面注写方式所表达的内容。

2. 剪力墙柱(构造边缘柱和约束边缘柱)标准构造详图中基础插筋、楼层连接区及顶层连接区的构造要求、箍筋的构造规定、各种钢筋长度的计算。

3. 剪力墙身标准构造详图中基础插筋的构造；竖向分布钢筋与基础插筋、楼层及顶层的连接构造；水平分布钢筋与墙柱的连接构造；墙身拉筋(双向布置、梅花双向布置)的构造要求及各种钢筋长度的计算。

4. 剪力墙梁(连梁、暗梁及边框梁)标准构造详图中纵筋两端在端柱内的锚固要求、箍筋的布置范围及各种钢筋长度的计算。

案例实训

1. 根据二维扫码附图计算 Q1、Q2、…、Q3 钢筋的预算长度,并绘制钢筋工程量明细表。

2. 根据二维扫码附图计算 Q1、Q2、…、Q3 钢筋的下料长度,并绘制钢筋施工下料清单。

技能应用

单元4　板平法识图与钢筋计算

学习情境描述

通过本单元的学习,进一步熟悉16G101图集的相关内容;掌握有梁楼盖板结构施工图中平面注写方式所表达的内容;掌握无梁楼盖板结构施工图中平面注写方式所表达的内容;掌握有梁板标准构造详图中上部通长筋、下部通长筋、支座负筋、分布钢筋、温度筋等的构造要求;能够准确计算各种类型钢筋的长度。

板构件钢筋

教学要求

能力目标	知识要点	相关知识	权重
能够熟练地应用有梁楼盖板和无梁楼盖板的平法制图规则及钢筋构造详图知识识读梁的平法施工图	集中标注、原位标注、锚固长度、搭接长度、箍筋加密区	钢筋种类、混凝土强度等级、抗震等级、受拉钢筋基本锚固长度、环境类别、施工图的阅读等	0.7
能够熟练地查表计算各种类型钢筋的长度	构件净长度、锚固长度、搭接长度、钢筋保护层、钢筋弯钩增加值	与钢筋计算相关的消耗量定额规定、施工图的阅读、钢筋的线密度等	0.3

4.1　板构件的分类

★4.1.1　按施工方法不同划分★

1. 现浇板(XB)

现浇是指在现场搭好模板,在模板上安装好钢筋,再在模板上浇筑混凝土,然后拆除模板。现浇板又可以分为有梁楼盖板和无梁楼盖板两大类,如图4-1所示。

(1)有梁楼盖板的分类。

1)单向板肋梁楼盖,如图4-2所示。单向板是在一个方向上布置受力钢筋,在另一个方向上布置分布筋的板,并且板的长边与短边长度之比大于或等于3时,宜沿短边方向布置受力钢筋。

125

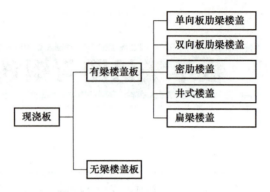

图 4-1　现浇板的分类

2）双向板肋梁楼盖，如图 4-3 所示。双向板是在两个方向均布置受力钢筋，且板的长边与短边长度之比小于 3。

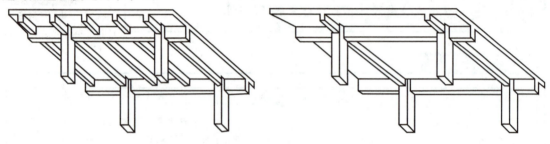

图 4-2　单向板肋梁楼盖示意图　　　　　图 4-3　双向板肋梁楼盖示意图

3）密肋楼盖，如图 4-4 所示。

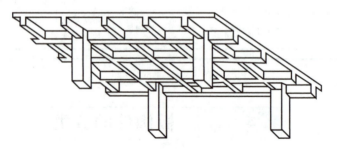

图 4-4　密肋楼盖示意图

4）井式楼盖，如图 4-5 所示。

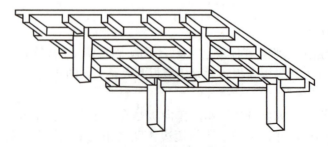

图 4-5　井式楼盖示意图

5)扁梁楼盖,如图4-6所示。

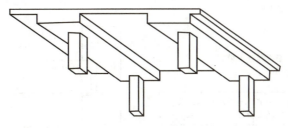

图4-6　扁梁楼盖示意图

(2)无梁楼盖板,如图4-7所示。

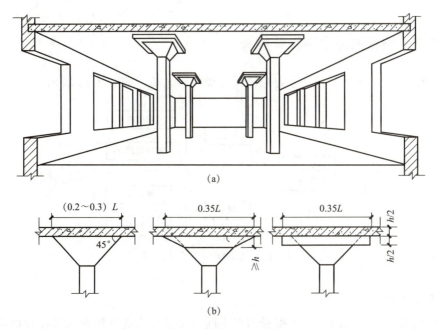

图4-7　无梁楼盖示意图

2. 预制板(YB)

预制板为在工厂加工成型后直接运到施工现场进行安装的板。

预制板又可分为平板、空心板和槽形板三大类,如图4-8所示。

(1)平板,如图4-9所示。

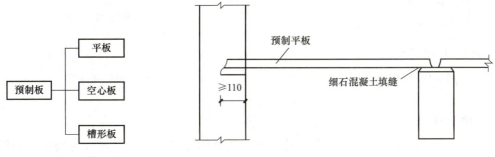

图4-8　预制板的分类　　　　　图4-9　平板示意图

(2)空心板,如图 4-10 所示。
(3)槽形板,如图 4-11 所示。

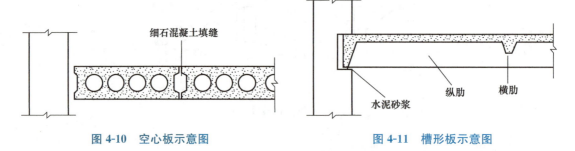

图 4-10 空心板示意图　　　　图 4-11 槽形板示意图

★4.1.2 按板的力学特性分类★

按板的受力情况分类,可以分为悬挑板和楼板两大类,如图 4-12 所示。

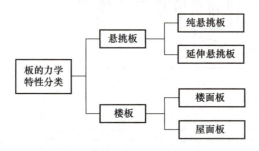

图 4-12 力学特性下板的分类

1. 悬挑板(XB)

悬挑板是由一面支承的板。根据受力点不同,又可分为纯悬挑板和延伸悬挑板两种。

(1)纯悬挑板。纯悬挑板是单独的一块悬挑板,即从梁挑出的板。雨篷的悬挑板,如图 4-13 所示。

(2)延伸悬挑板。延伸悬挑板通常是和室内楼板连在一起的,梁仅是一个支点而已,如阳台的悬挑板,如图 4-14 所示。

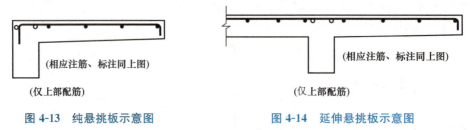

图 4-13 纯悬挑板示意图　　　　图 4-14 延伸悬挑板示意图

2. 楼板(LB)

楼板是由两面或四面支承的板。根据楼板所处的位置不同,又可分为楼面板和屋面板两种,如图 4-15 所示。

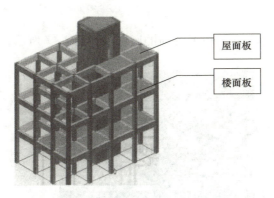

图 4-15 楼面板及屋面板示意图

(1) 楼面板。楼面板是一种分隔承重构件。楼板层中的承重部分,将房屋垂直方向分隔为若干层。

(2) 屋面板。屋面板是指建筑物顶部位置的板,直接承受屋面荷载。

为了标注方便,《混凝土结构施工图平面整体表示方法制图规则和构造详图(现浇混凝土框架、剪力墙、梁、板)》(16G101—1)对各种类型的板,规定了它们的构件代号,见表 4-1。

表 4-1 板构件代号表

构件名称	构件代号	构件名称	构件代号
楼面板	LB	悬挑板	XB
屋面板	WB	预制板	YB

4.2　板钢筋的分类

板的钢筋种类繁多,钢筋分类体系如图 4-16 所示。

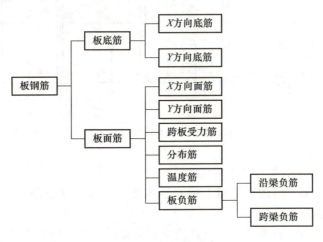

图 4-16 板钢筋分类

1. 板底筋

板的底筋包括 X 方向的底筋和 Y 方向的底筋，如图 4-17 所示。

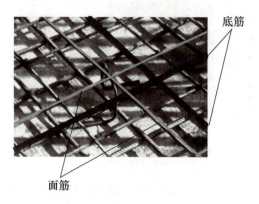

图 4-17　楼面板的底筋及面筋

2. 板面筋

(1) 板负筋(扣筋)及跨板受力筋，如图 4-18 所示。

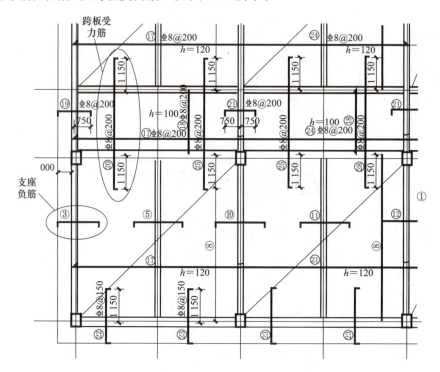

图 4-18　板负筋及跨板受力筋

(2) 分布筋及温度筋，如图 4-19 所示。

1) 分布筋大部分都是出现在楼板上的，分布筋一般布设在负筋范围之内，并将板上的荷载分散到受力钢筋上。

2) 温度筋是为了防止温差较大而设置的防裂措施，温度筋的布设位置一般在负筋之外，板面中间。

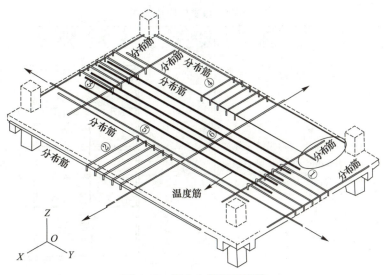

图 4-19 板分布筋及温度筋

★4.2.1 有梁板的平法识图★

1. 有梁板的集中标注

集中标注的内容分为：板块编号、板厚、贯通纵筋以及当板面标高不同时的标高高差，如图 4-20 所示。

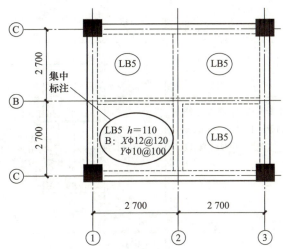

图 4-20 有梁板的集中标注示意图

表示：5 号楼面板，板厚为 110 mm；

板下部配筋的贯通纵筋 X 向为 $\phi12@120$；

板下部配筋的贯通纵筋 Y 向为 $\phi10@100$。

2. 有梁楼盖板的原位标注

板支座原位标注为板支座上部非贯通纵筋(即上部非贯通纵筋)和纯悬挑板上部受力钢筋，见表 4-2。

表 4-2　板支座原位标注

情况分类	说明	图示
单侧上部非贯通纵筋布置	①号的上部非贯通纵筋，规格和间距为 φ10@200，从梁中线向跨内的延伸长度为 1 600 mm	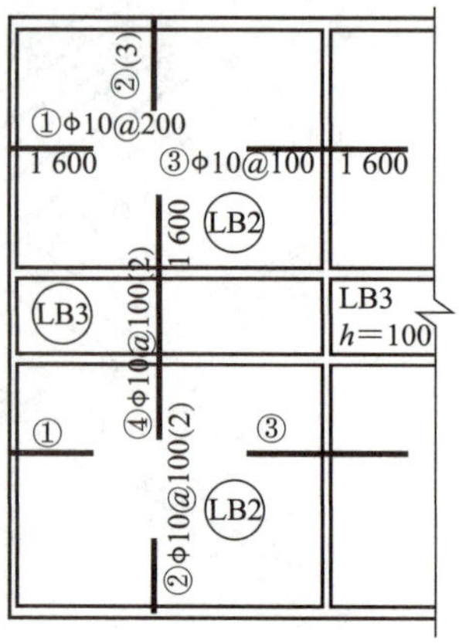
双侧上部非贯通纵筋布置（向支座两侧对称延伸）	②号上部非贯通纵筋从梁中线向右侧跨内的延伸长度为 1 800 mm；而因为双侧上部非贯通纵筋的右侧没有尺寸标注，则表明该上部非贯通纵筋向支座两侧对称延伸，即向左侧跨内的延伸长度也是 1 800 mm	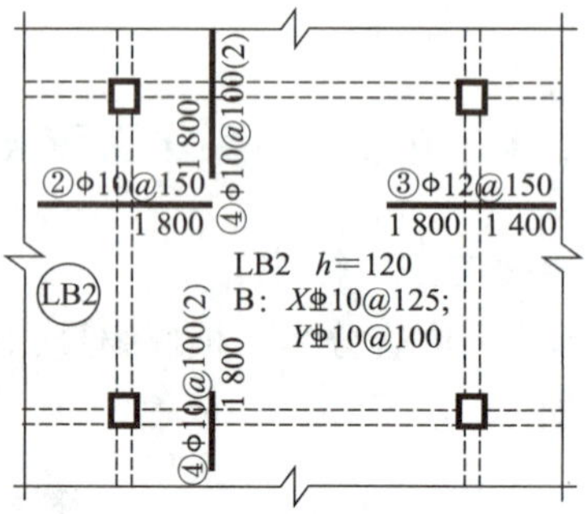
双侧上部非贯通纵筋布置（向支座两侧非对称延伸）	③号上部非贯通纵筋从梁中线向左侧跨内的延伸长度为 1 800 mm；从梁中线向右侧跨内的延伸长度为 1 400 mm	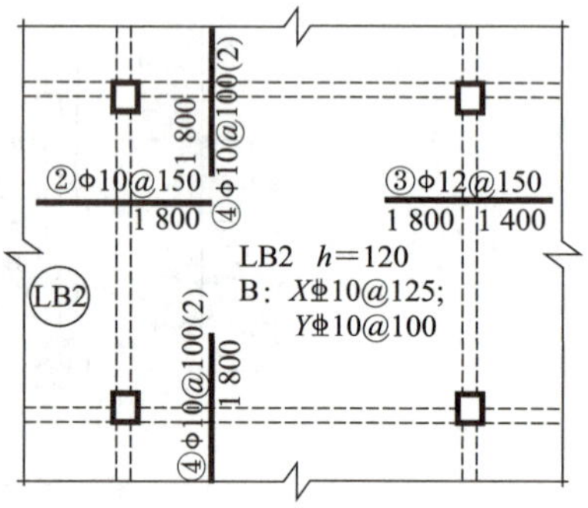
贯通短跨全跨的上部非贯通纵筋	平法板的标注规则：对于贯通短跨全跨的上部非贯通纵筋，规定贯通全跨的长度值不注。④号贯通纵筋上标注的"(2)"，说明这个上部非贯通纵筋在相邻两跨之内设置。ⓒ轴线的梁是⑤号上部非贯通纵筋的一个端支座节点	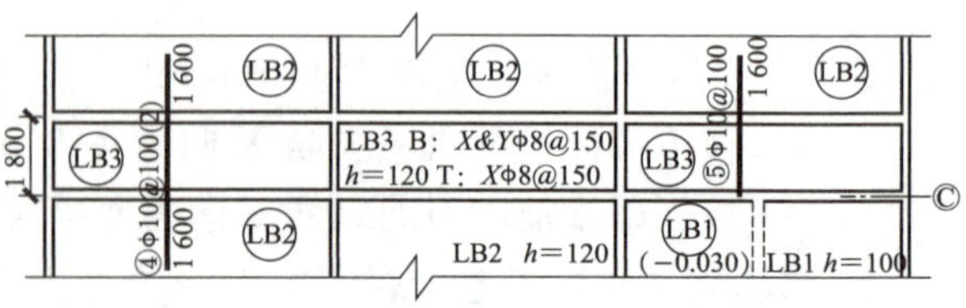

132

续表

情况分类	说明	图示
贯通全悬挑长度的上部非贯通纵筋	上部非贯通纵筋所标注的向跨内延伸的长度是从制作(梁)中线算起,所以上部非贯通纵筋水平段长度＝跨内延伸长度＋梁宽/2＋悬挑板的挑出长度－保护层厚度＋板厚－2×保护层厚度	覆盖悬挑板一侧的伸出长度不注 ⑤ϕ10@100 2 000

★4.2.2 无梁板的平法识图★

"无梁楼盖板"就是没有梁的楼盖板。楼板是由戴帽的柱头支撑着的,如图4-21所示。

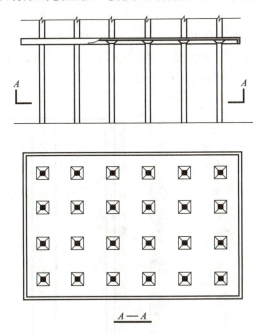

图4-21 有悬挑板檐的无梁楼盖模型图

1. 无梁板的集中标注

(1)无梁板柱上板带的集中标注。无梁板柱上板带包括X方向的柱上板带和Y方向的柱上板带。

1)X方向的柱上板带。X方向的柱上板带集中标注的表示如图4-22所示。

①ZSB1(3) $b=3\,000$

表示1号柱上板带,3跨,板带宽为3 000 mm。

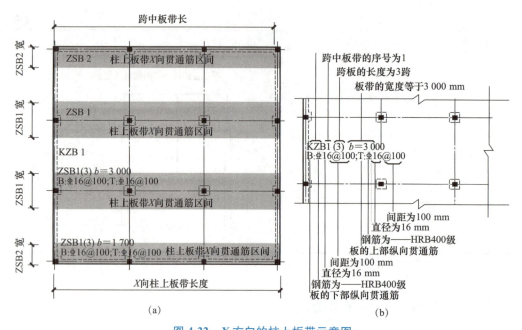

图 4-22 X 方向的柱上板带示意图
(a)柱上板带 X 向贯通筋区间；(b)X 向柱上板带集中标注

②B：$\Phi16@100$；T：$\Phi16@100$

表示底筋信息为 HRB400 级钢筋，直径为 16 mm，间距为 100 mm；顶部钢筋为 HRB400 级，直径为 16 mm，间距为 100 mm。

2)Y 方向的柱上板带，如图 4-23 所示。

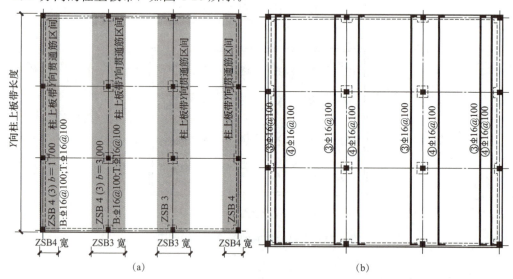

图 4-23 Y 方向的柱上板带示意图
(a)柱上板带 Y 向贯通筋区间；(b)Y 向柱上板带集中标注

Y 方向柱上板带表示信息同 X 方向柱上板带。

(2)无梁板跨中板带的集中标注。无梁板跨中板带包括 X 方向的跨中板带和 Y 方向的跨中板带。

1)X方向的跨中板带，如图4-24所示。

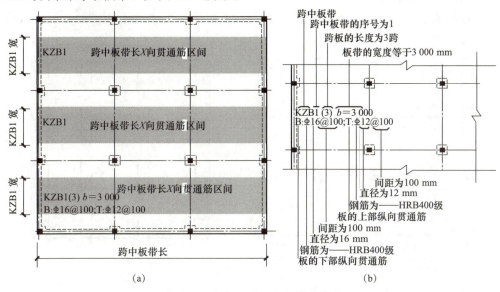

图4-24　X方向的跨中板带示意图
(a)跨中板带X向贯通筋区间；(b)X向跨中板带集中标注

X方向的跨中板带集中标注的表示：

①KZB1（3）$b=3\,000$

表示1号跨中板带，3跨，板带宽为3 000 mm。

②B：$\Phi16@100$；T：$\Phi12@100$

表示底筋信息为HRB400级钢筋，直径为16 mm，间距为100 mm；顶部钢筋为HRB400级钢筋，直径为12 mm，间距为100 mm。

2)Y方向的跨中板带，如图4-25所示。

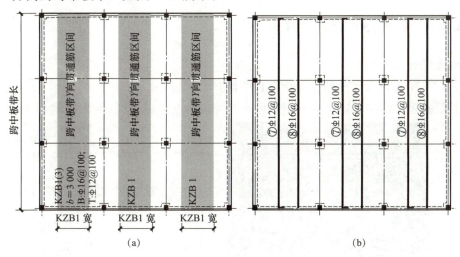

图4-25　Y方向的跨中板带示意图
(a)跨中板带Y向贯通筋区间及集中标注；(b)Y向跨中板带钢筋排布图

Y方向跨中板带表示信息同X方向跨中板带。

2. 无梁板的原位标注

无梁板的原位标注的信息主要体现在 X 向柱上板带与 Y 向柱上板带的交汇区域的非通长筋的钢筋信息,如图 4-26 所示。

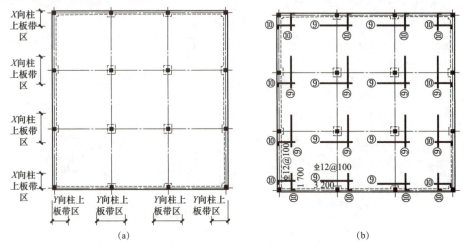

图 4-26 柱上板带非通长筋排布图

(a)柱上 X 向板带与 Y 向板带的交汇区域;(b)柱上 X 向板带与 Y 向板带的交汇区间配筋

柱上板带条状区与跨中板带条状区的交汇区域——分散的小方块区域。小方块区域的类型分为两种,即中间方块和边部扁方块。

4.3 板的钢筋计算(造价咨询方向)

★4.3.1 板底通长筋的计算★

1. 板底通长筋长度计算原理

如图 4-27 所示,板底筋通长筋单根长度计算公式为

板底通长筋长度=净跨长度+左伸进长度+右伸进长度+(HPB300 级钢筋)弯钩 $6.25d \times 2$

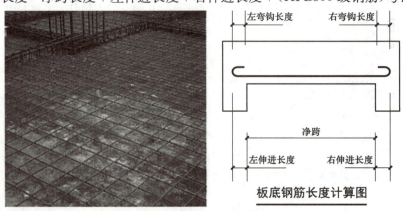

图 4-27 板底筋通长筋长度示意图

2. 板底通长筋伸入支座内钢筋长度计算原理

(1)端部支座为梁时伸入支座内的长度(表4-3)。

表4-3 端部支座为梁时伸入支座内的长度

钢筋构造图示	钢筋构造要点	计算公式
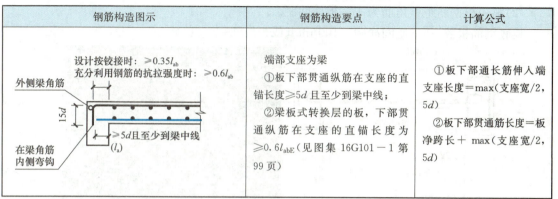	端部支座为梁 ①板下部贯通纵筋在支座的直锚长度$\geqslant 5d$且至少到梁中线； ②梁板式转换层的板，下部贯通纵筋在支座的直锚长度为$\geqslant 0.6l_{abE}$(见图集16G101—1第99页)	①板下部通长筋伸入端支座长度=max(支座宽/2，5d) ②板下部贯通筋长度=板净跨长+ max(支座宽/2，5d)

(2)端部支座为剪力墙时伸入支座内的长度(表4-4)。

表4-4 端部支座为剪力墙时伸入支座内的长度

钢筋构造图示	钢筋构造要点	计算公式
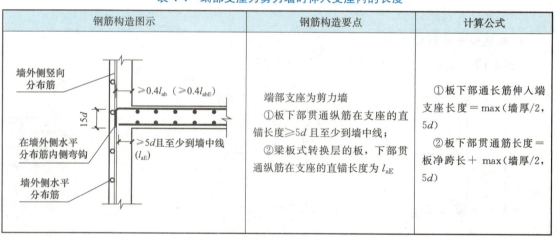	端部支座为剪力墙 ①板下部贯通纵筋在支座的直锚长度$\geqslant 5d$且至少到墙中线； ②梁板式转换层的板，下部贯通纵筋在支座的直锚长度为l_{aE}	①板下部通长筋伸入端支座长度＝max(墙厚/2，5d) ②板下部贯通筋长度＝板净跨长＋ max(墙厚/2，5d)

(3)端部支座为砌体墙时伸入支座内的长度(表4-5)。

表4-5 端部支座为砌体墙时伸入支座内的长度

钢筋构造图示	钢筋构造要点	计算公式
	端部支座为砌体墙 ①板下部贯通纵筋在支座的直锚长度≥120 mm且$\geqslant 5d$且至少到墙中线 ②板下部贯通纵筋伸至端部(扣掉一个保护层)	①板下部通长筋伸入端支座长度＝max(120，墙厚/2，5d) ②板下部贯通筋长度＝板净跨长＋max(120，墙厚/2，5d)

3. 板底通长筋根数的计算原理

如图 4-28 所示，板底通长筋的计算规则有：
(1)第一根钢筋距梁或墙边 50 mm。
(2)第一根钢筋距梁角筋为 1/2 板筋间距。
板底钢筋根数＝[支座间净距－100 mm(或板筋间距)]/间距＋1

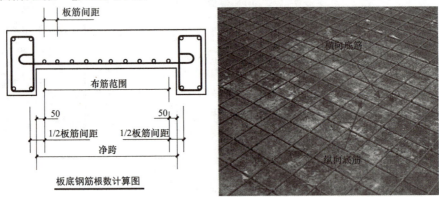

图 4-28　板底通长筋根数示意图

4. 板底通长筋计算案例

【例 4-1】　求图 4-29 所示梁板底通长筋的长度和根数，相关资料见表 4-6。

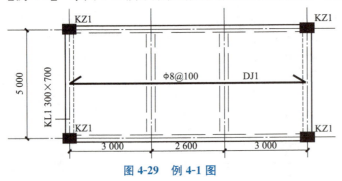

图 4-29　例 4-1 图

板构件底部钢筋的计算

表 4-6　例 4-1 表

混凝土强度	保护层/mm	支座宽/mm	定尺长度/mm	连接方式
C30	15	300(居中)	9 000	绑扎

【解】　Φ8@100 X 向水平钢筋的计算过程见表 4-7。

表 4-7　Φ8@100(X 向水平钢筋计算过程)

第一步	X 向钢筋水平长度	＝板净长＋2×锚入长度＋2×6.25d(弯钩) ＝3 000＋2 600＋3 000－300＋max(300/2, 5d)×2＋2×6.25×8 ＝8 700(mm)
第二步	根数	＝(5 000－300－50×2)/100＋1 ＝47 根

138

★4.3.2 板负筋通长筋的计算★

1. 板负筋通长筋计算原理

如图 4-30 所示,板负筋通长筋单根长度计算公式为

板负筋通长钢筋长度＝板净长＋2×伸入长度

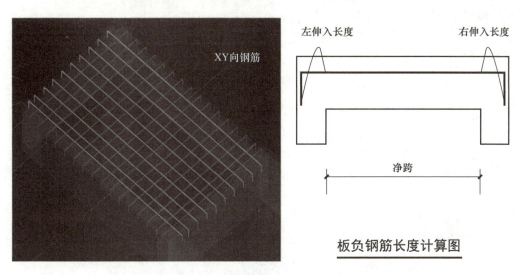

图 4-30 板负筋通长筋长度示意图

2. 板负筋通长筋伸入支座内钢筋长度计算原理

(1)端部支座为梁时伸入支座内的长度(表 4-8)。

表 4-8 端部支座为梁时伸入支座内的长度

钢筋构造图示	钢筋构造要点	计算公式
(图示：设计按铰接时：≥0.35l_{ab}；充分利用钢筋的抗拉强度时：≥0.6l_{ab}；外侧梁角筋；15d；在梁角筋内侧弯钩；≥5d且至少到梁中线(l_a))	端部支座为梁 ①板上部贯通纵筋伸到梁外侧角筋内侧弯钩,弯折段长度为15d; ②弯锚的平直段长度：设计按铰接时,"≥0.35l_{ab}"充分利用钢筋的抗拉强度时,"≥0.6l_{ab}"	伸入长度＝平直段长度＋15d 平直段长＝梁宽－保护层厚度－梁角筋直径

(2)端部支座为剪力墙时伸入支座内的长度(表 4-9)。
(3)端部支座为砌体墙时伸入支座内的长度(表 4-10)。

表 4-9 端部支座为剪力墙时伸入支座内的长度

钢筋构造图示	钢筋构造要点	计算公式
墙外侧竖向分布筋 ≥0.4l_{ab} (≥0.4l_{abE}) 15d 在墙外侧水平分布筋内侧弯钩 ≥5d且至少到墙中线 (l_{aE}) 墙外侧水平分布筋 （括号内的数值用于梁板式转换层的板）	端部支座为剪力墙 板上部贯通纵筋：上部纵筋伸到墙身外侧水平分布筋的内侧，然后弯直钩	伸入长度＝平直段长度＋15d 平直段长＝墙宽－保护层厚度－墙角筋直径

表 4-10 端部支座为砌体墙时伸入支座内的长度

钢筋构造图示	钢筋构造要点	计算公式
≥0.35l_{ab} 15d ≥120，≥h ≥墙厚/2	端部支座为砌体墙 板上部贯通纵筋伸至板端部（扣掉一个保护层），然后弯直钩直至板底，直钩长度为15d，弯锚水平段长度≥0.35l_{ab}	伸入长度＝平直段长度＋15d 平直段长度＝墙宽－保护层厚度

3. 板负筋的根数计算原理

如图 4-31 所示，板负筋的计算规则如下：

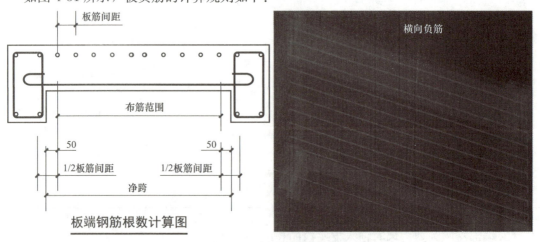

图 4-31 板负筋根数示意图

(1)第一根钢筋距梁或墙边 50 mm；
(2)第一根钢筋距梁角筋为 1/2 板筋间距。
$$板负钢筋根数＝[支座间净距－100 \text{ mm}(或板筋间距)]/间距＋1$$

4. 板负筋通长筋计算案例

【例 4-2】 求图 4-32 所示板负筋通长筋的长度和根数，相关资料见表 4-11。

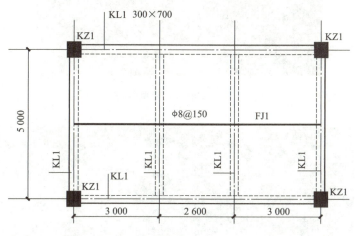

图 4-32 例 4-2 图

表 4-11 例 4-2 表

混凝土强度	保护层/mm	支座宽/mm	梁角筋直径/mm	梁保护层/mm
C30	15	300（居中布置）	20	25

【解】 Φ8@150 X 方向负筋通长筋的计算过程见表 4-12。

表 4-12 Φ8@150（X 向负筋通长筋计算过程）

第一步	钢筋水平长度	＝板净长＋2×锚入长度＋2×6.25d(弯钩) ＝3 000＋2 600＋3 000＋(300－25－20)×2＋15×8×2 ＝9 350(mm)
第二步	根数	＝(5 000－300－50×2)/150＋1 ＝32 根

★4.3.3 板支座负筋的计算★

1. 板端支座负筋的计算

板端支座负筋一般是布设在单元板的边缘处，大多是以梁为支座的板端处，板支座负筋空间立体图如图 4-33 所示。

如图 4-34 所示，端支座负筋的计算公式为

$$负筋长度＝伸入端支座长度＋伸入跨内的净长＋伸入跨内弯折长度$$
$$伸入跨内的弯折＝板厚－上下保护层厚度$$

伸入端支座弯折长度按端支座锚固构造计算。伸入跨内长度按设计标注。
支座钢筋的根数计算同负筋通长筋根数计算。

图 4-33　板端支座负筋空间立体示意图

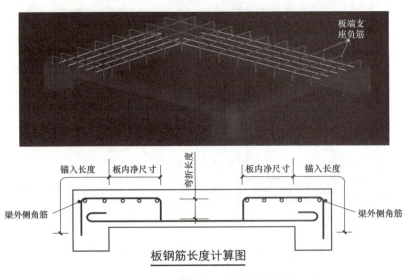

图 4-34　板端支座负筋布筋图

2. 板中间支座负筋计算

板中间支座负筋一般是布设在板中部有梁支承且沿梁布设的负筋，如图 4-35 所示。

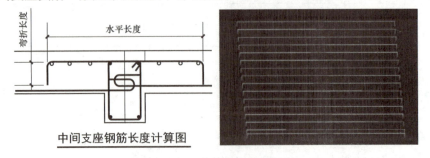

图 4-35　板中间支座负筋布筋图

中间支座负筋长度的计算公式为

中间支座负筋长度＝水平长度＋弯折长度×2

水平长度＝标注长度

弯折长度＝板厚－上下保护层厚度

注：当标注长度为自支座边缘向内的伸入长度时，水平长度还要加上支座宽。

3. 板中间支座负筋计算案例

【例 4-3】 计算图 4-36 所示③轴线交Ⓓ、Ⓔ轴线上部非贯通筋的单根长度及根数，相关资料见表 4-13。

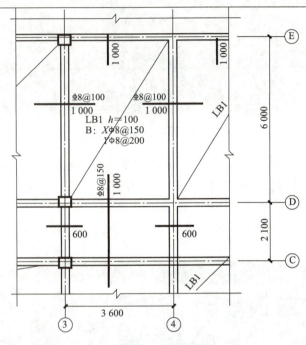

图 4-36　例 4-3 图

表 4-13　例 4-3 表

强度等级	保护层厚度/mm	抗震等级	负筋信息	梁宽/mm	起步距离/mm
C30	梁 25；板 15	三级	⌀8@200	500	50

【解】 ⌀8@100 的③轴线上非通长筋的计算过程见表 4-14。

表 4-14　⌀8@100 的③轴线上非通长筋的计算过程

第一步	钢筋水平长度	＝左侧延伸长度＋右侧延伸长度＋上部非贯通纵筋锚固长度×2
		＝1 000＋1 000＋(100－15×2)×2＝2 140(mm)
第二步	根数	＝布筋范围÷间距＋1
		＝(6 000－500－2×50)/100＋1＝55(根)

★ 4.3.4　板分布筋与温度筋 ★

1. 板分布筋

(1) 板分布筋的计算原理。分布筋出现在板中，布置在受力钢筋的内侧，与受力钢筋垂直。作用是固定受力钢筋的位置并将板上的荷载分散到受力钢筋上；同时，也能防止因混凝土的收缩和温度变化等原因，在垂直于受力钢筋方向产生的裂缝，如图 4-37 所示。

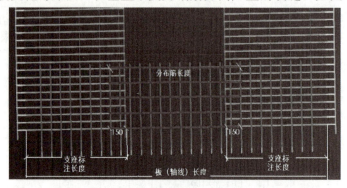

图 4-37　板中分布筋示意图

负筋的分布筋长度＝两端支座负筋净距＋150×2

负筋的分布筋根数＝(负筋板内净长－50)/分布筋间距

(2)板端支座负筋及分布筋的计算案例。

【例 4-4】　求图 4-38 所示中 1 号负筋及分布筋的长度和根数(设梁角筋直径为 20 mm)，相关资料见表 4-15。

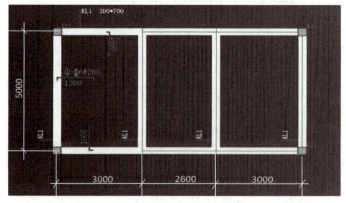

图 4-38　例 4-4 图

表 4-15　例 4-4 表

混凝土强度	保护层/mm	支座宽/mm	板厚/mm	连接方式
C30	15	300(居中布置)	120	绑扎

【解】　⊥6@200 端支座负筋及 ⊥6@250 分布筋的长度和根数的计算过程见表 4-16。

表 4-16　⊥6@200(端支座负筋)及 ⊥6@250 分布筋的计算过程

第一步	1 号负筋长度	＝1 300＋150－25－20＋15×6＋120－15×2＝1 585(mm)
第二步	1 号负筋根数	＝(5 000－300－100)/200＋1＝24(根)
第三步	1 号分布筋长度	＝5 000－1 000－1 000＋150×2＝3 300(mm)
第四步	1 号分布筋根数	＝(1 300－300/2－50)/250＋1＝6(根)

2. 板温度筋

(1)板温度筋的计算原理。温度筋是防止构件由于温差较大时产生裂缝而设置的，一般布设在屋面板内，如图 4-39 所示。

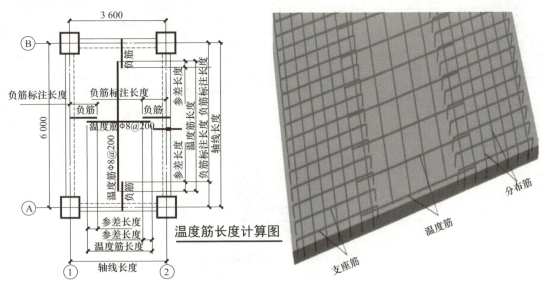

图 4-39　板中温度筋示意图

长度＝板宽－负筋标注长度×2＋搭接长度×2

温度筋根数＝(净跨长度－负筋伸入板内长度)/温度筋间距－1

(2)温度筋长度计算案例。

【例 4-5】　如图 4-40 所示，温度筋直径为 8 mm，每隔 200 mm 布置一根，混凝土强度等级为 C30，相关资料见表 4-17，求温度筋的长度及根数。

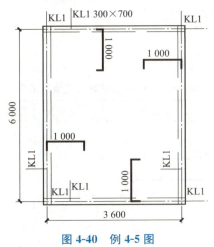

图 4-40　例 4-5 图

表 4-17　例 4-5 表

钢筋级别	直径/mm	混凝土强度等级	间距/mm	抗震等级
HPB300	8	C30	200	一级

【解】Φ8@200温度筋长度和根数的计算过程见表4-18。

表4-18　Φ8@200(温度筋)的计算过程

第一步	查表计算搭接长度 l_{lE}	$=49d=49×8=392(mm)$
第二步	横向温度筋长度	=板宽－左右负筋标注长度+搭接长度×2
		$=3\,600－1\,000×2+392×2=2\,384(mm)$
	根数	$=(6\,000－1\,000－1\,000)/200－1=19(根)$
第三步	纵向温度筋长度	=板宽－左右负筋标注长度+搭接长度×2
		$=6\,000－1\,000×2+392×2=4\,784(mm)$
	根数	$=(3\,600－1\,000－1\,000)/200－1=7(根)$

板钢筋工程量计算(拓展知识)

★4.3.5　板钢筋工程量汇总★

1. 手工计算的汇总技巧

(1)利用 Word 软件设计钢筋工程量明细表；
(2)以具体的构件为主线分类；按计算顺序分项；
(3)横向栏按相同的钢筋级别和直径归项计算；
(4)按相同的钢筋级别和直径汇总计算。

2. 汇总表的填写

板构件钢筋工程量明细表见表4-19。

表4-19　板构件钢筋工程量明细表

筋号	级别	直径	钢筋图形	单长	根数	总长/m	线密度	总质量/kg
构件名称LB1							构件数量1根	
板底X向水平筋	Φ	8		8 700	47	408.90	0.395	161.52
板负筋X向通长筋	Φ	8		9 350	32	299.20	0.395	118.18
板中间支座负筋	Φ	8		2 140	58	124.12	0.395	49.03
1号负筋	Φ	6		1 585	24	38.04	0.222	8.44
1号分布筋	Φ	6		3 300	6	19.80	0.222	4.40
横向温度筋	Φ	8		2 384	19	45.30	0.395	17.89
纵向温度筋	Φ	8		4 784	7	33.49	0.395	13.23

4.4 板的钢筋计算(施工下料方向)

★4.4.1 钢筋翻样基础知识★

1. 楼板端部支座钢筋构造

(1)端部支座为梁。

1)普通楼屋面板。普通楼屋面板,如图 4-41(a)所示。板下部与上部纵筋的构造要求如下:

①板下部纵筋。板下部为贯通纵筋,端部支座的直锚长度$\geqslant 5d$ 且至少到梁中线。

②板上部纵筋。贯通纵筋伸至支座梁外侧角筋的内侧,再弯折,弯折的平直段长度为 $15d$。当支座足够宽,贯通纵筋平直段长度$\geqslant l_a$、$\geqslant l_{aE}$时可直锚。

2)用于梁板式转换层的板。用于梁板式转换层的板,如图 4-41(b)所示。板下部与上部纵筋的构造要求有:

①板下部纵筋。纵筋伸入支座$\geqslant 0.6 l_{abE}$,再弯折,弯折的平直段长度为 $15d$。

②板上部纵筋。与普通楼面板一样,纵筋伸至支座梁外侧角筋的内侧,再弯折,弯折的平直段长度为 $15d$。当支座足够宽,贯通纵筋平直段长度$\geqslant l_a$ 且$\geqslant l_{aE}$时可直锚。

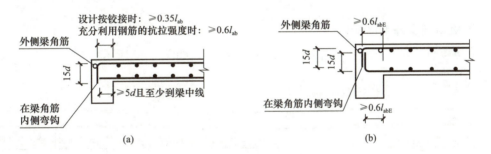

图 4-41 板在端部支座的锚固构造(一)
(a)普通楼层面板;(b)用于梁板式转换层的楼面板

梁板式转换层的板按抗震等级四级取值,设计也可根据实际工程情况另行指定。

(2)端部支座为剪力墙。当板的端部支座为剪力墙中间层时如图 4-42(a)所示,当板的端部支座为剪力墙墙顶时如图 4-42(b)所示。板下部与上部纵筋的构造要求如下:

1)板下部纵筋。板下部为贯通纵筋,端部支座的直锚长度$\geqslant 5d$ 且至少到墙中线。当板下部纵筋直锚长度不足时,需弯锚,即伸入剪力墙$\geqslant 0.4 l_{abE}$,且弯折 $15d$。

2)板上部纵筋。板上部贯通纵筋伸至墙外侧水平分布筋内侧后弯折 $15d$,当平直段长度分别$\geqslant l_a$ 且$\geqslant l_{aE}$时可不弯折。

括号内的数值用于梁板式转换层的板。梁板式转换层的板中 l_{abE} 且 l_{aE} 按抗震等级四级取值,设计也可根据实际工程情况另行指定。

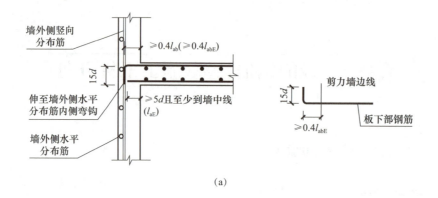

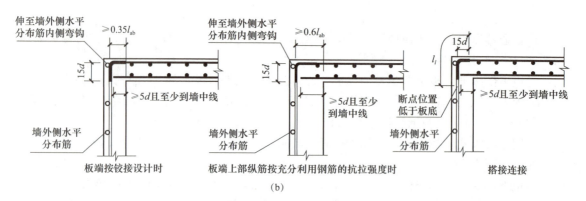

图 4-42 板在端部支座的锚固构造(二)

(a)端部支座为剪力墙中间层;(b)端部支座为剪力墙墙顶

2. 楼板中间支座钢筋构造

无论是楼板还是屋面板,其中间支座均按梁绘制,如图 4-43 所示。

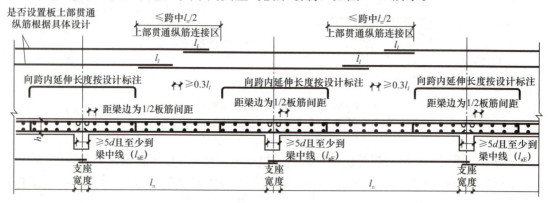

图 4-43 楼面板和屋面板钢筋构造

楼板中间支座下部与上部纵筋的构造要求如下:

(1)板下部纵筋:与支座垂直的贯通纵筋和与支座平行的贯通纵筋。

1)与支座垂直的贯通纵筋:伸入支座 $5d$ 且至少到梁中线。

2)与支座平行的贯通纵筋:第一根钢筋开始布置的位置应在距梁边 1/2 板筋间距处。

(2)板上部纵筋:贯通纵筋和非贯通纵筋。

1)板上部贯通纵筋：与支座垂直的贯通纵筋应贯通中间支座；与支座平行的贯通纵筋第一根钢筋开始布置的位置应在距梁边 1/2 板筋间距处。

2)非贯通纵筋：与支座垂直的非贯通纵筋向跨内延伸长度详见具体设计。楼面板和屋面板中，不论是受力钢筋还是构造钢筋（分布筋），当与梁或墙纵向平行时，在梁或墙宽度范围内不布置钢筋。

★4.4.2 钢筋翻样实操案例★

【例 4-6】 如图 4-44 所示，某标高层部分配筋图。其中，板面负筋所注尺寸为断点到梁边的距离；分布筋为 ϕ8@200；楼面混凝土强度等级为 C25；①、②轴线上的 Y 向梁断面尺寸为 240 mm×600 mm，Ⓐ、Ⓑ轴线上的 X 向梁断面尺寸为 240 mm×400 mm；梁的保护层厚度 $c_1 = 25$ mm，板的保护层厚度 $c_2 = 20$ mm。

根据板平法施工图相关信息，识读 B2 板，绘制 B2 板给定剖面的纵向钢筋排布图。

具体操作步骤如下：
(1)绘制板的纵向剖面模板图。
(2)绘制楼板的纵向剖面配筋图。
(3)计算关键部位钢筋长度。
(4)绘制完成后的楼板纵向剖面配筋图如图 4-45 和图 4-46 所示，关键部位钢筋长度计算见表 4-20，钢筋计算表和钢筋下料单分别见表 4-21 和表 4-22。

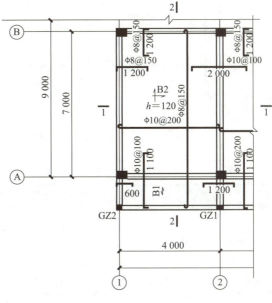

图 4-44　板的施工图

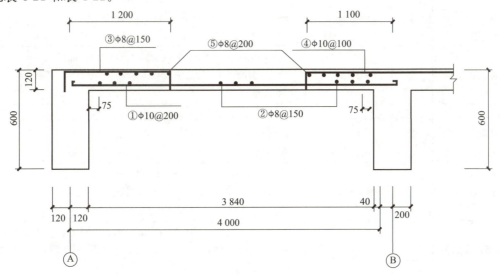

图 4-45　1—1 剖面钢筋排布图

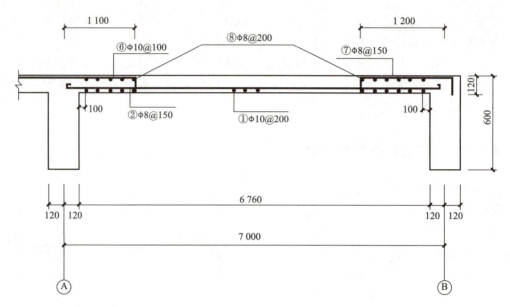

图 4-46 2—2 剖面钢筋排布图

表 4-20 关键部位钢筋长度计算表

位置	钢筋锚固长度计算	分析
端支座上部钢筋	$\geqslant 0.35 l_{ab}=0.35\times 34\times 8=95.2$ $15d=15\times 8=120$	梁宽为 240 mm,梁上部角筋直径为 18 mm,则梁宽-梁保护层厚度-梁上部角筋直径=240-25-18=197(mm)>95.2 mm,满足要求
端支座和中间支座下部钢筋	$\geqslant 5d=5\times 10=50$,且到梁中线	梁中线 125,下部筋伸至梁中线

表 4-21 钢筋计算表

钢筋名称	编号	钢筋规格	钢筋计算
板底部纵筋(X 向)	①	Φ10@200	$L=3\,840+120+120+2\times 6.25\times 10=4\,205(mm)$ $n=(6\,760-2\times 100)/200+1=33.8(根)$ 取 34 根
板底部纵筋(Y 向)	②	Φ8@150	$L=6\,760+120+120+2\times 6.25\times 10=7\,125(mm)$ $n=(3\,840-2\times 75)/150+1=25.6(根)$ 取 26 根
板支座负筋(X 向)	③	Φ8@150	$L=1\,200+120+(120-20)-2\times 1.751\times 8=1\,392(mm)$ $n=(6\,760-2\times 75)/150+1=45.1(根)$ 取 46 根
板支座负筋(X 向)	④	Φ10@100	$L=2\,200+(120-20)-2\times 1.751\times 10=2\,365(mm)$ $n=(6\,760-2\times 50)/100+1=67.6(根)$ 取 68 根
板负筋的分布筋(Y 向)	⑤	Φ8@200	$L=6\,760-(1\,100-120)-(1\,200-240)+2\times 150=5\,120(mm)$ $n=\{[1\,200-(240-18-25)-100]/200+1\}+[(1\,100-120-100)/200+1]=5.5+5.4(根)$ 取 6+6=12 根

续表

钢筋名称	编号	钢筋规格	钢筋计算
板支座负筋(Y向)	⑥	ϕ10@100	$L=1\,100+1\,620+150+(120-20)-2\times1.75\times10=2\,935\,(\text{mm})$ $n=(3\,840-2\times50)/100+1=38.4\,(根)$ 取 39 根
板支座负筋(Y向)	⑦	ϕ8@150	$L=1\,200+120+(120-20)-2\times1.751\times8=1\,392$ $n=(3\,840-2\times75)/150+1=25.6$ 取 26 根
板负筋的分布筋(X向)	⑧	ϕ8@200	$L=3\,840-(1\,200-240)-(1\,100-120)+2\times150=2\,200$ $n=\{[1\,200-(240-16-25)-100]/200+1\}+[(1\,100-120-100)/200+1]=5.5+5.4$ 取 $6+6=12\,(根)$

注：HPB300 级钢筋(光圆)作为板筋其末端要设有 180°弯钩，180°弯钩增加值为 6.25d；
　　钢筋 90°弯曲量度差值经查为 1.751d；
　　板上部分布筋与支座负筋的相互搭接长度为 150 mm。

表 4-22　钢筋下料单

构件名称	编号	简图	钢筋规格	下料长度/mm	合计根数	质量/kg	备注
B2 板	①	4 080	ϕ10@200	4 205	34	88.21	板底部纵(X向)
	②	7 000	ϕ8@150	7 125	26	73.17	板底部纵(Y向)
	③	120 ⌐ 1 200 ⌐ 100	ϕ8@150	1 392	46	25.29	板支座负筋(X向)
	④	100 ⌐ 2 200 ⌐ 100	ϕ10@100	2 365	68	99.23	板支座负筋(X向)
	⑤	5 120	ϕ8@200	5 120	12	24.27	板负筋的分布筋(Y向)
	⑥	150 ⌐ 2 720 ⌐ 100	ϕ10@100	2 925	29	52.34	板支座箍筋(Y向)
	⑦	100 ⌐ 1 200 ⌐ 120	ϕ8@150	1 392	26	14.30	板支座负筋(Y向)
	⑧	2 200	ϕ8@200	2 200	12	10.43	板负筋的分布筋(X向)

质量合计：ϕ8：147.46 kg；ϕ10：239.78 kg

本章总结

通过本单元的学习，要求掌握下列内容：

(1) 有梁楼盖板和无梁楼盖板结构施工图中平面注写方式所表达的内容。

(2) 有梁板标准构造详图中上部通长筋、下部通长筋、支座负筋、分布钢筋、温度钢筋等的构造要求。

(3) 能够准确计算板上部通长筋、下部通长筋、支座负筋、分布钢筋、温度钢筋的长度。

案例实训

(1) 根据二维扫码附图计算LB1、LB2、…、LB4钢筋的预算长度，并绘制钢筋工程量明细表。

(2) 根据二维扫码附图计算LB1、LB2、…、LB4钢筋的下料长度，并绘制钢筋施工下料清单。

技能应用

单元 5　板式楼梯平法识图与钢筋计算

学习情境描述

通过本单元的学习，进一步熟悉 16G101 图集的相关内容；掌握现浇混凝土板式楼梯结构施工图中平面注写方式、剖面注写方式和列表注写方式所表达的内容；掌握板式楼梯标准构造详图中各种梯板形式的注写方式与适用条件；能够准确计算各种类型钢筋的长度。

楼梯构件钢筋

教学要求

能力目标	知识要点	相关知识	权重
能够熟练地应用楼梯的平法制图规则和钢筋构造详图知识识读梁的平法施工图	集中标注、原位标注、锚固长度、搭接长度、箍筋加密区	钢筋种类、混凝土强度等级、抗震等级、受拉钢筋基本锚固长度、环境类别、施工图的阅读等	0.7
能够熟练地计算各种类型钢筋的长度	构件净长度、锚固长度、搭接长度、钢筋保护层、钢筋弯钩增加值	与钢筋计算相关的消耗量定额规定、施工图的阅读、钢筋的线密度等	0.3

5.1　楼梯构件的分类

现浇混凝土板式楼梯分为 AT、BT、CT、DT、ET、FT、GT、ATa、ATb、ATc、CTa、CTb 型，共 12 种楼梯类型，见表 5-1。每种类型示意图如图 5-1～图 5-11 所示。

表 5-1　现浇混凝土板式楼梯的划分

梯板代号	适用范围		是否参与结构整体抗震计算
	抗震构造措施	适用结构	
AT	无	剪力墙、砌体结构	不参与
BT			
CT	无	剪力墙、砌体结构	不参与
DT			

续表

梯板代号	适用范围		是否参与结构整体抗震计算
	抗震构造措施	适用结构	
ET	无	剪力墙、砌体结构	不参与
FT			
GT	无	剪力墙、砌体结构	不参与
ATa	有	框架结构、框剪结构中框架部分	不参与
ATb			不参与
ATc			参与
CTa	有	框架结构、框剪结构中框架部分	不参与
CTb			不参与

1. AT 型楼梯

AT 型楼梯全部由踏步段构成，如图 5-1 所示。

2. BT 型楼梯

BT 型楼梯板由低端平板和踏步段构成，如图 5-2 所示。

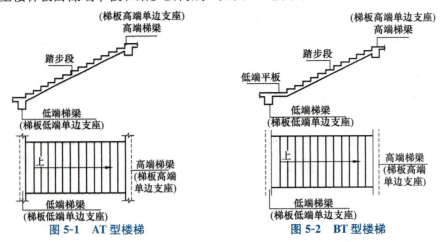

图 5-1　AT 型楼梯　　　　图 5-2　BT 型楼梯

3. CT 型楼梯

CT 型楼梯板由踏步段和高端平板构成，如图 5-3 所示。

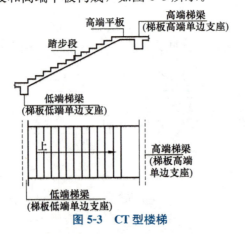

图 5-3　CT 型楼梯

4. DT 型楼梯

DT 型楼梯板由低端平板、踏步板和高端平板构成，如图 5-4 所示。

5. ET 型楼梯

ET 型楼梯板由低端踏步段、中位平板和高端步段构成，如图 5-5 所示。

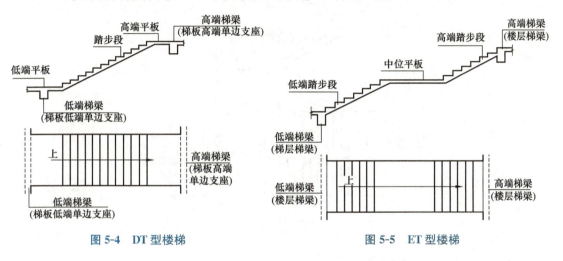

图 5-4　DT 型楼梯　　　　　图 5-5　ET 型楼梯

6. FT 型楼梯（有层间和楼层平台板的双跑楼梯）

FT 型楼梯由层间平板、踏步段和楼层平板构成，如图 5-6 所示。

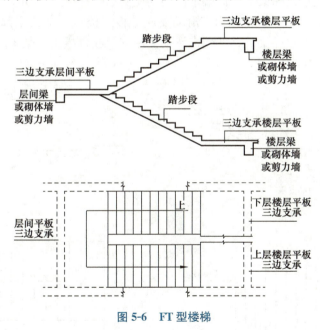

图 5-6　FT 型楼梯

FT 型楼梯支撑方式：楼梯板一端的层间平板采用三边支承，另一端的楼层平板也采用三边支承。

7. GT 型楼梯

GT 型楼梯由层间平板、踏步段和楼层平板组成，如图 5-7 所示。

GT 型楼梯支承方式：梯板一段的层间平板采用单边支承，另一端的楼层平板采用三边支承。

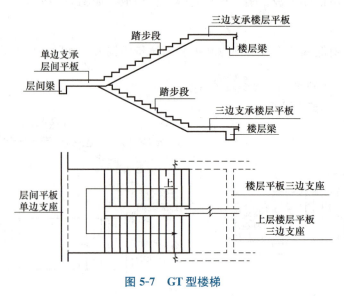

图 5-7　GT 型楼梯

8. ATa、ATb、ATc 型楼梯

（1）ATa 型楼梯。ATa 型楼梯为带滑动支座的板式楼梯，梯板全部由踏步构成，其支承方式为梯板高端支承在梯梁上，低端带滑动支座支承在梯梁上，如图 5-8 所示。

（2）ATb 型楼梯。ATb 型楼梯为带滑动支座的板式楼梯，梯板全部由踏步构成，其支承方式为梯板高端支承在梯梁上，低端带滑动支座支承在挑板上，如图 5-9 所示。

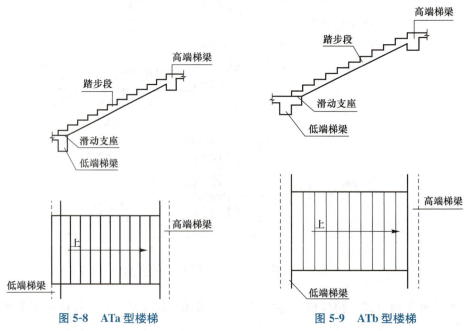

图 5-8　ATa 型楼梯　　　　　　　图 5-9　ATb 型楼梯

（3）ATc 型楼梯。ATc 型楼梯全部由踏步段构成，其支承方式为梯板两端均支承在梯梁上，如图 5-10 所示。

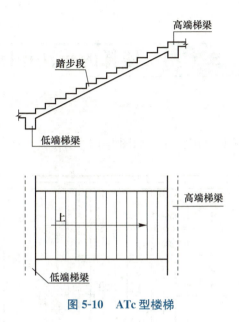

图 5-10 ATc 型楼梯

1）ATc 型楼梯休息平台与主体结构可整体连接，也可脱开连接。

2）ATc 型楼梯梯板厚度应按计算确定，且不宜小于 140 mm；梯板采用双层配筋。

3）ATc 型楼梯两侧设置边缘构件（暗梁），边缘构件纵筋数量，当抗震等级为一、二级时不少于 6 根，当抗震等级为三、四级时不少于 4 根；纵筋直径为 $\phi 12$ 且不少于梯板纵向受力钢筋的直径；箍筋为 $\phi 6@200$。

9. CTa、CTb 型楼梯

CTa、CTb 型为带滑动支座的板式楼梯，梯板由踏步段和高端平板构成，其支承方式为梯板高端均支承在梯梁上，如图 5-11 所示。

CTa 型梯板低端带滑动支座支承在梯梁上，CTb 型梯板低端带滑动支座支承在挑板上。

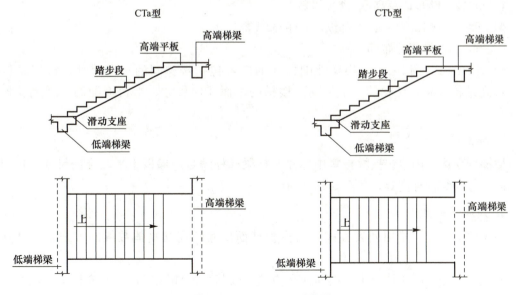

图 5-11 CTa、CTb 型楼梯

5.2 楼梯的平法识图

1. 平面注写方式

平面注写包括集中标注和外围标注,如图 5-12 所示。

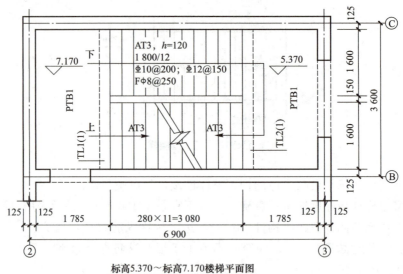

图 5-12 板式楼梯平法施工图

(1)集中标注(图 5-12)。

AT3,$h=120$(P150),120 表示梯段板厚度,150 表示梯板平板段的厚度。

1 800/12:踏步段总高度/踏步级数。

⊈10@200;⊈12@150:上部纵筋;下部纵筋。

Fϕ8@250:梯板分布筋。

(2)外围标注(图 5-12)。楼梯外围标注的内容包括楼梯间的平面尺寸、楼层结构标高、层高结构标高、楼梯的上下方向、楼梯的平面几何尺寸、平台板配筋、梯梁及梯柱配筋等。

2. 剖面注写方式

楼梯剖面注写内容包括梯板集中标注、梯梁梯柱编号、梯板水平及竖向尺寸、楼层结构标高、层间结构标高等,如图 5-13 所示。

3. 列表注写方式

列表注写方式,是用列表方式注写梯板截面尺寸和配筋具体数值的方式表达楼梯施工图。

列表注写方式的具体要求同剖面注写方式,仅将剖面注写方式中的梯板配筋注写改为列表注写项即可,见表 5-2。

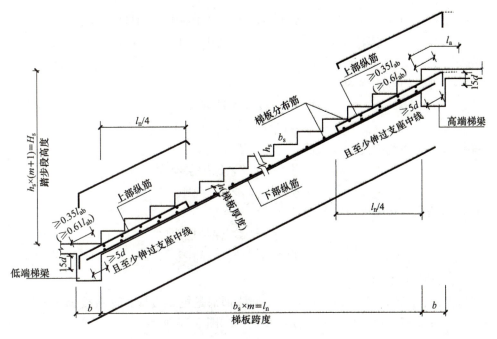

图 5-13　AT 型楼梯配筋构造

表 5-2　列表注写方式

梯板编号	踏步段总高度/踏步数	板厚 h	上部纵向钢筋	下部纵向钢筋	分布筋
AT3	1 800/12	120	$\Phi10@200$	$\Phi12@150$	$F\phi8@250$

5.3　楼梯的钢筋分类

1. 非抗震楼梯钢筋构造

(1)非抗震楼梯钢筋分类。AT 型～HT 型楼梯都是非抗震楼梯，这些楼梯内的钢筋包括：上部纵筋、下部纵筋、梯板分布筋、面部扣筋，如图 5-13 所示。

(2)非抗震楼梯钢筋的计算原理，如图 5-13 所示。

1)当采用 HPB300 级钢筋时，除楼梯上部纵筋的跨内端头做 90°直角弯钩外，所有末端应做 180°的弯钩。

2)斜坡系数 $k=\sqrt{b_s^2+h_s^2}/b_s$。

3)梯板下部纵筋。

长度 $l=l_n\times k+2a$，其中 $a=\max(5d, b/2)$（其中 b 表示支座宽）

下部纵筋根数＝(b_n－2×保护层厚度)/间距＋1

4)梯板低端扣筋。

长度＝($l_n/4+b$－保护层厚度)×$k+15d+h$－保护层厚度

低端扣筋根数＝(b_n－2×保护层厚度)/间距＋1

5)梯板高端扣筋。

$$长度=(l_n/4+b-保护层厚度)\times k+15d+h-保护层厚度$$
$$高端扣筋根数=(b_n-2\times 保护层厚度)/间距+1$$

6)分布筋。

①楼梯下部纵筋范围内的分布筋
$$长度=b_n-2\times 保护层厚度$$
$$根数=(l_n\times k-50\times 2)/间距+1$$

②梯板低端扣筋范围内的分布筋
$$长度=b_n-2\times 保护层厚度$$
$$根数=(l_n/4\times k)/间距-1$$

③梯板高端扣筋范围内的分布筋
$$长度=b_n-2\times 保护层厚度$$
$$根数=(l_n/4\times k)/间距+1$$

2. 抗震楼梯钢筋构造

(1)抗震楼梯钢筋分类。ATa型～ATc型楼梯都是抗震楼梯,这些楼梯内的钢筋包括:上部纵筋、下部纵筋、梯板分布筋、面部扣筋,如图5-14所示。

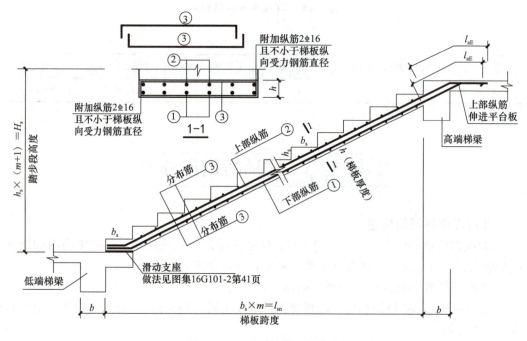

图5-14 ATa型楼梯配筋构造

(2)抗震楼梯钢筋的计算原理,如图5-14所示。

1)双层配筋:下端平伸至踏步段下端的尽头。

上端:下部纵筋及上部纵筋均伸进平台板,锚入梁(板)l_{ab}。

2)分布筋:分布筋两端均弯直钩,长度$=h-2\times$保护层厚度。

下层分布筋设置在下部纵筋的下面,上层分布筋设置在上部纵筋的上面。

3)附件纵筋:分别设置在上、下层分布筋的拐角处。

下部附加纵筋：2⌀20（一、二级抗震），2⌀16（三、四级抗震）。
上部附加纵筋：2⌀20（一、二级抗震），2⌀16（三、四级抗震）。

4）当采用 HPB300 级钢筋时，除楼梯上部纵筋的跨内端头做 90°直角弯钩外，所有末端应做 180°的弯钩。

5.4 楼梯的钢筋计算（造价咨询方向）

【例 5-1】 T—1 楼梯平面图，如图 5-15 所示，T—1 楼梯剖面示意图，如图 5-16 所示，T—1 采用 AT 型楼梯设计，相关资料见表 5-3，计算楼梯钢筋工程量。

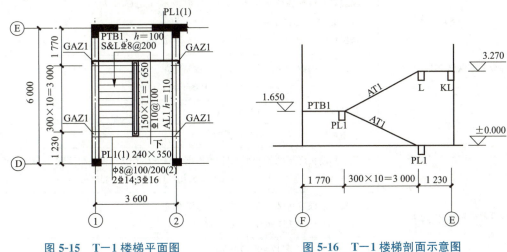

图 5-15 T—1 楼梯平面图   图 5-16 T—1 楼梯剖面示意图

表 5-3 例 5-1 表

抗震等级	楼梯混凝土等级	纵筋连接方式	钢筋定尺长度/mm	梯梁混凝土强度等级	梯梁宽度 b/mm
二级	C30	绑扎	8 000	C30	240

1. 参数计算（表 5-4）

表 5-4 参数计算

参数	结果
保护层厚度 c	板：15 mm；梁：25 mm
l_a	HRB400：$l_a = 35d$
l_l	HRB400：$l_l = 42d$
水平筋起步距离	50 mm
梯板净跨度 l_n	3 000 mm
梯板净宽度 b_n	1 600 mm
梯板厚度 h	110 mm

续表

参数	结果
踏步宽度 b_s	300 mm
踏步高度 h_s	150 mm

2. 钢筋计算(表 5-5)

表 5-5　钢筋计算

钢筋名称	计算过程
斜坡系数 k	$k=\sqrt{b_s^2+h_s^2}/b_s=\sqrt{300^2+150^2}/300=1.118$
梯板下部纵筋 $\Phi10@100$	梯板下部纵筋的长度 $l=l_n\times k+2a$，其中 $a=\max(5d, b/2)$ $a=\max(50, 240/2)=120$ 每根长度$=3\,000\times1.118+2\times120=3\,594(mm)$
	下部纵筋根数$=(b_n-2\times$保护层厚度$)/$间距$+1$ 　　　　　　　$=(1\,600-2\times15)/100+1=17($根$)$
	总长度$=3.594\times17=61.098(m)$
	总质量$=61.098\times0.617=37.70(kg)$
梯板低端扣筋 $\Phi10@100$	低端扣筋长度$=(l_n/4+b-$保护层厚度$)\times k+15d+h-$保护层厚度 　　　　　$=(3\,000/4+240-15)\times1.118+15\times10+110-15=1\,335(mm)$
	低端扣筋根数$=(b_n-2\times$保护层厚度$)/$间距$+1$ 　　　　　　$=(1\,600-2\times15)/100+1=17($根$)$
	总长度$=1.335\times17=22.70(m)$
	总质量$=22.70\times0.617=14.01(kg)$
梯板高端扣筋 $\Phi10@100$	高端扣筋长度$=(l_n/4+b-$保护层厚度$)\times k+15d+h-$保护层厚度 　　　　　$=(3\,000/4+240-15)\times1.118+15\times10+110-15=1\,335(mm)$
	高端扣筋根数$=(b_n-2\times$保护层厚度$)/$间距$+1$ 　　　　　　$=(1\,600-2\times15)/100+1=17($根$)$
	总长度$=1.335\times17=22.70(m)$
	总质量$=22.70\times0.617=14.01(kg)$
分布筋 $\Phi6@250$	(1)楼梯下部纵筋范围内的分布筋 长度$=b_n-2\times$保护层厚度 $=1\,600-2\times15=1\,570(mm)$ (2)梯板低端扣筋范围内的分布筋 长度$=b_n-2\times$保护层厚度 $=1\,600-2\times15=1\,570(mm)$ (3)梯板高端扣筋范围内的分布筋 长度$=b_n-2\times$保护层厚度 $=1\,600-2\times15=1\,570(mm)$

续表

钢筋名称	计算过程
分布筋 ⌀6@250	(1)楼梯下部纵筋范围内的分布筋： 根数＝(l_n×k－50×2)/间距＋1 ＝(3 000×1.118－50×2)/间距＋1＝15(根) (2)梯板低端扣筋范围内的分布筋： 根数＝(l_n/4×k－50)/间距－1 ＝(3 000/4×1.118－50)/250＋1＝5(根) (3)梯板高端扣筋范围内的分布筋： 根数＝(l_n/4×k－50)/间距－1 ＝(3 000/4×1.118－50)/250＋1＝5(根) 总长度＝1 570×(15＋5＋5)＝39.25(m) 总质量＝39.25×0.26＝10.21(kg)

3. 表格汇总(表 5-6)

表 5-6 楼梯钢筋工程量明细表

筋号	级别	直径	钢筋图形	单长	根数	总长/m	线密度	总质量/kg
构件名称 TB1							构件数量 1 根	
梯板下部纵筋	⌀	10	低————高	3 594	17	61.10	0.617	37.70
梯板低端扣筋	⌀	10	低⎺⎺⎺⎺高	1 335	17	22.70	0.617	14.01
梯板高端扣筋	⌀	10	低⎽⎽⎽⎽高	1 335	17	22.70	0.617	14.01
楼梯下部纵筋范围内的分布筋	⌀	6	左————右	1 570	15	23.55	0.26	6.12
梯板低端扣筋范围内的分布筋	⌀	6	左————右	1 570	15	23.55	0.26	6.12
梯板高端扣筋范围内的分布筋	⌀	6	左————右	1 570	15	23.55	0.26	6.12

5.5 楼梯的钢筋计算(施工下料方向)

【例 5-2】 如图 5-12 所示，AT3 型楼梯平面图，其中环境类别为一类；混凝土强度等级为 C25；梯梁宽为 200 mm。试计算楼梯钢筋下料长度，并制作钢筋下料单。

1. 楼梯钢筋下料长度计算(表 5-7)

表 5-7 楼梯钢筋下料长度计算表

钢筋名称	钢筋详称	钢筋规格	计算公式及过程	
楼板下部钢筋	下部受力钢筋	⊉12@150	长度/mm	$L = l_n \times k + 2\max(5d, bk/2)$ $= 3\,080 \times 1.134 + 2 \times 113.4 = 3\,720$
			根数/根	$n = (b_n - 2 \times 板\,c)/间距 + 1$ $= (1\,600 - 2 \times 20)/150 + 1 = 12$
	下部分布筋	φ8@250	长度/mm	$L = b_n - 2 \times 板\,c$ $= 1\,600 - 2 \times 20 = 1\,560$
			根数/根	$n = (l_n \times k - 2 \times 起步距离)/间距 + 1$ $= (3\,080 \times 1.134 - 2 \times 125)/250 + 1 = 14$
梯板上部钢筋	上部支座负筋(锚入梯梁内)	⊉10@200	长度/mm	$L = (l_n/4 + b - 梁\,c - 梁箍筋直径) \times k + 15d + (h - 2 \times 板\,c)$ $= (3\,830/4 + 200 - 25 - 6) \times 1.134 + 15 \times 10 + (120 - 2 \times 20) = 1\,507$
			根数/根	$n = (b_n - 2 \times 板\,c)/间距 + 1$ $= (1\,600 - 2 \times 20)/200 + 1 = 9$
	负筋的分布筋	φ8@250	长度/mm	$L = b_n - 2 \times 板\,c$(同下部分布筋) $= 1\,560$
			根数/根	$n = (l_n/4 - 起步距离) \times k/间距 + 1$ $= (3\,080/4 \times 1.134 - 125)/250 + 1 = 4$

2. AT3 梯板钢筋下料单(表 5-8)

表 5-8 AT3 梯板钢筋下料单

构件名称	编号	简图	钢筋规格	下料长度/mm	合计根数	质量/kg	备注
AT3	⑩	3 720	⊉12@150	3 720	12	39.64	下部受力钢筋
	⑪	1 560	φ8@250	1 560	14	8.63	下部分布筋
	⑫	150 / 1 281 / 80	⊉10@200	1 507	9	8.37	上部支座负筋
	⑬	1 560	φ8@250	1 560	4	2.46	负筋的分布筋

质量合计：⊉10：8.39 kg；φ8：11.09 kg；⊉12：39.64 kg

本章总结

通过本单元的学习，要求掌握以下内容：

1. 板式楼梯结构施工图中平面注写方式、剖面注写方式和列表注写方式所表达的内容。

2. 板式楼梯标准构造详图中下部纵筋在两端梯梁内的锚固构造、高端和低端板上部纵筋在支座内的锚固要求及向跨内的延伸长度规定、板的下部和上部分布钢筋的构造规定。

3. 能够准确计算梯板下部纵筋、上部纵筋及分布钢筋的长度及根数。

案例实训

1. 根据二维扫码附图计算 TB1、TB2 钢筋的预算长度，并绘制钢筋工程量明细表。
2. 根据二维扫码附图计算 TB1、TB2 钢筋的下料长度，并绘制钢筋施工下料清单。

技能应用

单元 6　基础平法识图与钢筋计算

学习情境描述

通过本单元的学习，进一步熟悉 16G101 图集的相关内容；掌握现浇混凝土的独立基础、条形基础、筏形基础及桩基础施工图中平面注写方式与截面注写方式所表达的内容；掌握基础标准构造详图中基础插筋、底板配筋、基础主梁（次梁）纵筋、第一种箍筋范围和第二种箍筋范围钢筋构造及桩基础钢筋构造规定；能够准确计算各种类型钢筋的长度。

基础构件钢筋

教学要求

能力目标	知识要点	相关知识	权重
能够熟练地应用基础的平法制图规则和钢筋构造详图知识识读梁的平法施工图	集中标注、原位标注、锚固长度、搭接长度、箍筋加密区	钢筋种类、混凝土强度等级、抗震等级、受拉钢筋基本锚固长度、环境类别、施工图的阅读等	0.7
能够熟练地计算各种类型钢筋的长度	构件净长度、锚固长度、搭接长度、钢筋保护层、钢筋弯钩增加值	与钢筋计算相关的消耗量定额规定、施工图的阅读、钢筋的线密度等	0.3

6.1　基础构件的分类

按照构造形式基础构件可分为独立基础、条形基础、梁板式筏形基础、平板式筏形基础和桩基承台。

1. 独立基础

当建筑物上部为框架结构或单独的柱时，常采用独立基础；若柱子为预制时，则采用杯形基础形式，如图 6-1 所示。

2. 条形基础

基础是连续的带形，也称带形基础。有墙下条形基础和柱下条形基础，如图 6-2 和图 6-3 所示。

3. 梁板式筏形基础

梁板式筏形基础是指由底板和基础梁组成的筏形基础，类似倒置的梁板楼盖，对于建筑上无要求的基础，它比单独平板式筏形基础要经济很多，如图6-4所示。

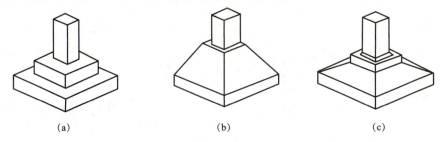

图 6-1 独立基础

(a)阶梯式；(b)锥台式；(c)杯型

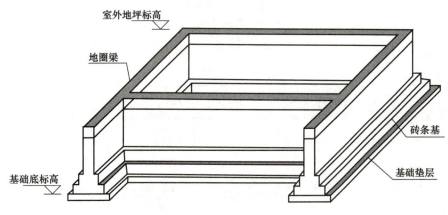

图 6-2 墙下条形基础

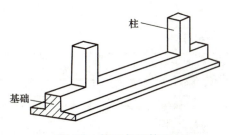

图 6-3 柱下条形基础

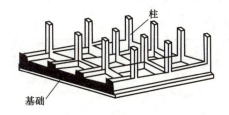

图 6-4 梁板式筏形基础

4. 平板式筏形基础

平板式筏形基础是在天然地表上，将场地平整并用压路机将地表土碾压密实后，在较好的持力层上，浇筑钢筋混凝土平板。这一平板便是建筑物的基础。

在结构上，基础如同一只盘子反扣在地面上承受上部荷载。这种基础大大减少了土方工作量且较适宜于弱地基(但必须是均匀条件)的情况，特别适宜于5~6层整体刚度较好的居住建筑，如图6-5所示。

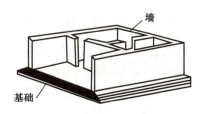

图 6-5 平板式筏形基础

5. 桩基承台

当建造比较大的工业与民用建筑时，若地基的软弱土层较厚，采用浅埋基础不能满足地基强度和变形要求时，常采用桩基，如图 6-6 所示。

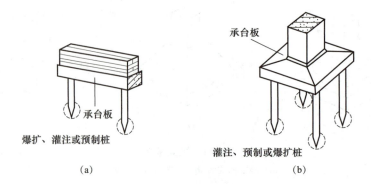

图 6-6　桩基承台

（a）墙下桩基础；（b）柱下桩基础

6.2　基础的平法识图

★6.2.1　独立基础的平法识图★

1. 独立基础编号

各种独立基础编号见表 6-1。

表 6-1　独立基础编号

类型	基础底板截面形状	代号	序号
普通独立基础	阶型	DJ_J	××
	坡型	DJ_P	××
杯口独立基础	阶型	BJ_J	××
	坡型	BJ_P	××

2. 独立基础的平面注写方式

独立基础的平面注写方式可分为集中标注和原位标注两部分内容。

(1)独立基础集中标注的具体内容，如图 6-7 所示。

1)注写独立基础编号(必注内容)。

2)注写独立基础和杯口基础截面竖向尺寸(必注内容)。

3)注写独立基础配筋(必注内容)。

4)注写基础底面标高(选注内容)。
5)必要的文字注解(选注内容)。
6)设有短柱应注明短柱的钢筋信息(必注内容)。

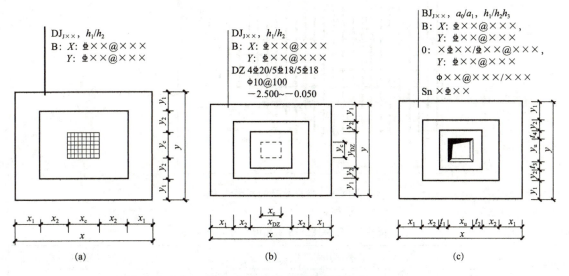

图 6-7 独立基础平面注写方式

(a)对普通独立基础平面注写;(b)带短柱的普通独立基础平面注写;(c)杯口独立基础平面注写

(2)独立基础原位标注的具体内容,如图 6-8 所示。

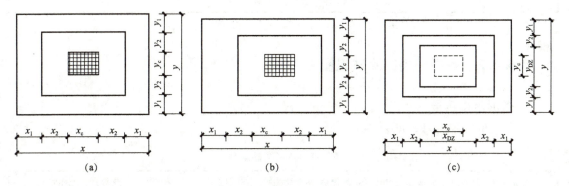

图 6-8 独立基础的原位标注

(a)对称阶形截面独立基础原位标注;(b)非对称阶形截面独立基础原位标注;(c)设置短柱独立基础原位标注

原位标注 x、y、x_c、y_c(或圆柱直径 d_c),x_i、y_i,$i=1,2,3\cdots$。其中,x、y 为普通独立基础两向边长,x_c、y_c 为柱截面尺寸,x_i、y_i 为阶宽或坡形平面尺寸(当设置短柱时,还应标注短柱的截面尺寸)。

3. 独立基础的截面注写方式

独立基础的截面注写方式,又可分为截面标注和列表注写。截面标注如图 6-9 所示,列表注写见表 6-2。

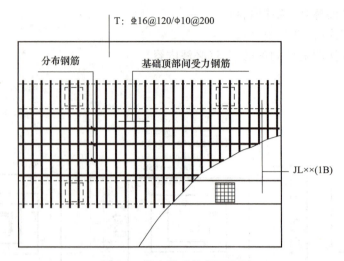

图 6-9　独立基础的截面注写

表 6-2　普通独立基础几何尺寸和配筋表

| 基础编号 | 截面几何尺寸 | | | | 底筋配筋(B) | |
/截面号	x, y	x_c, y_c	x_i, y_i	$h_1/h_2/\cdots$	X 向	Y 向

★6.2.2　条形基础的平法识图★

1. 条形基础编号

各种条形基础编号，见表 6-3。

表 6-3　条形基础编号

类型		代号	序号	跨数及有无外伸
基础梁		JL	××	(××)端部无外伸
条形基础底板	坡形	TJB_P	××	(××A)一端有外伸
	阶形	TJB_J	××	(××B)两端有外伸

条形基础的平面注写方式可分为集中标注和原位标注两部分内容。条形基础由基础梁和基础底板构成，如图 6-10 所示。

2. 条形基础梁的平面注写方式

(1)条形基础梁的集中标注。

1)注写基础梁编号(必注内容)。

2)注写基础梁截面尺寸(必注内容)。

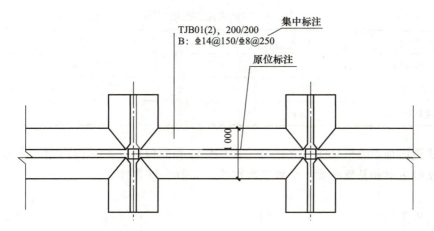

图 6-10 条形基础的平面注写方式

3)注写基础梁配筋(必注内容)。

(2)条形基础梁的原位标注。

1)原位标注基础梁端或梁在柱下区域的底部全部纵筋(包括底部非贯通纵筋)。

2)原位注写基础梁的附加箍筋或吊筋。当两向基础梁十字交叉,但交叉位置无柱时,应根据抗力要求设置附加箍筋或吊筋。

3)原位注写基础梁外伸部位的变截面高度尺寸,当基础梁外伸部位采用变截面高度时,在该部位原位注写 $b \times h_1/h_2$,h_1 为根部截面高度,h_2 为尽端截面高度。

4)原位注写修正内容。当在基础梁上集中标注的某项内容(如截面尺寸、箍筋、底部与顶部贯通纵筋或架立筋、梁侧面纵向构造钢筋、梁底面标高等)不适用于某跨或外伸部位时,将其修正内容原位标注在该跨或该外伸部位。

3. 条形基础底板的平面注写方式

(1)条形基础底板的集中标注内容。

1)注写条形基础底板编号(必注内容)。

2)注写条形基础底板截面竖向尺寸(必注内容)。

3)注写条形基础底板底部及顶部配筋(必注内容)

4)注写条形基础底板底面标高(选注内容)。

5)必要的文字注解(选注内容)。

(2)条形基础底板的原位标注内容。

1)原位注写条形基础底板的平面尺寸。

2)原位注写修正内容(当在条形基础底板上集中标注的某项内容,如底板截面竖向尺寸、底板配筋、底板底面标高等,不适用与条形基础底板的某跨或某外伸部分时,可将其修正内容原位标注在该跨或该外伸部位,施工时原位标注取值优先)。

★6.2.3 梁板式筏形基础的平法识图★

1. 梁板式筏形基础编号

各种梁板式筏形基础编号见表 6-4。

表 6-4 梁板式筏形基础编号

构件类型	代号	序号	跨数及有无外伸
基础主梁(柱下)	JL	××	(××)或(××A)或(××B)
基础次梁	JCL	××	(××)或(××A)或(××B)
梁板筏基础平板	LPB	××	

梁板式筏形基础的平面注写方式分为集中标注和原位标注两部分内容。条形梁板式筏形基础由基础主梁和基础次梁，基础平板构成，如图 6-11 所示。

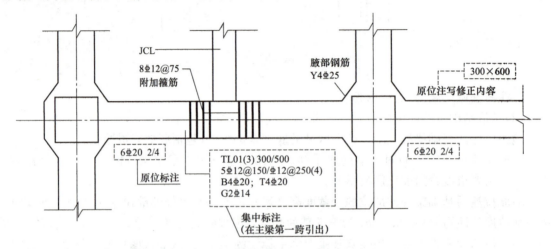

图 6-11 梁板式筏形基础主梁平面注写方式

2. 梁板式筏形基础主梁和基础次梁的平面注写方式

(1)梁板式筏形基础主梁和基础次梁的集中标注内容。

1)注写基础梁的编号表。

2)注写基础梁的截面尺寸。

3)注写基础梁的配筋。

4)注写基础梁底面标高高差。

(2)梁板式筏形基础主梁和基础次梁的原位标注内容。

1)注写梁端(支座)区域的底部全部纵筋。

2)注写基础梁的附加箍筋或(反扣)吊筋。

3)当基础梁外伸部位变截面高度，在该部位原位注写 $b \times h_1/h_2$，h_1 为根部截面高度，h_2 为尽端截面高度。

4)注写修正内容。

3. 梁板式筏形基础平板的平面注写方式

(1)梁板式筏形基础平板的集中标注内容。

1)注写基础平板的编号。

2)注写基础平板的截面尺寸。注写 $h=×××$ 表示板厚。

3)注写基础平板的底部与顶部贯通纵筋及其跨数及外伸情况。

(2)梁板式筏形基础平板的原位标注内容。

1) 原位注写位置及内容。
2) 注写修正内容。
3) 注写非贯通纵筋信息,当若干基础梁下基础平板的底部附加非贯通纵筋配置相同时(其底部、顶部的贯通纵筋可以不同),可仅在一根基础梁下做原位注写,并在其他梁上注明"该梁下基础平板底部附加非贯通纵筋同××基础梁"。

6.3 基础的钢筋分类

1. 独立基础的钢筋分类

(1) 一般钢筋构造,如图 6-12 所示。

1) 适用条件:对各种尺寸的单柱、多柱独立基础都适用,但设有基础梁的多柱独立基础,平行于基础梁的底筋,需躲开基础梁 50 mm 布置。

2) 布筋特点:以 X 和 Y 向的直线形钢筋,以各自的起步 $\min(75, s/2)$ 和间距 s,分别连续垂直布置,形成钢筋网。

注:每向、每根钢筋的长度,分别以各向的底边边长减去两端边的基础保护层厚度,形状为直线;若为光圆钢筋,两端应各外加 $6.25d$ 的弯钩。

(2) 长度缩减 10% 情况的对称型构造,如图 6-13 所示。

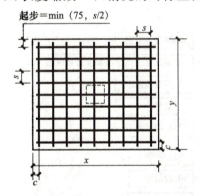 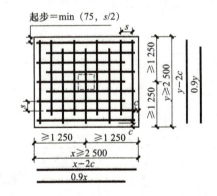

图 6-12 一般钢筋构造　　图 6-13 长度缩减 10% 情况的对称型构造

1) 适用条件:只有单柱独立基础底板 x 和 y 两边长度都 $\geq 2\,500$ mm 时才能采用,但也可采用不缩减 10% 的一般构造形式;多柱基础,当柱的中心线到基础底板最外边的垂直距离都 $> 1\,250$ mm 时,也可采用本情况,单柱独立基础尽量不用。

2) 布筋特点:采用本情况,x 和 y 边的钢筋需各下料两种长度的钢筋。各向最外侧的两根钢筋,长度如一般构造,不缩减。其余底筋长度"可"取相应方向底板长度 0.9 倍,且缩减后的底筋必须伸过阶形基础的第一台阶,布置上须交错。

注:其余构造如一般情况构造。

(3) 长度缩减 10% 情况的非对称型构造,如图 6-14 所示。

1) 适用条件:只有单柱独基底板 x 和 y 两边长度都 $\geq 2\,500$ mm 时才能采用,但也可采用不缩减 10% 的一般构造形式。

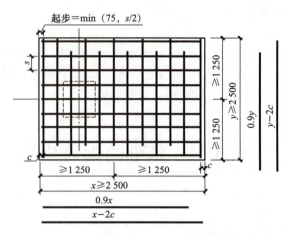

图 6-14 长度缩减 10%情况的对称型构造

2)布筋特点：当该基础某侧从柱中心到基础底板边缘的距离<1 250 mm 时，钢筋在该侧不应缩减；但当前述距离都≥1 250 mm 时，也可采用对称情况布置。

布置时，对称边按对称情况布置，非对称边，按"隔一缩一"布置。

注：钢筋长度、根数和起步等要求，都等于对称情况。

2. 条形基础的钢筋分类

条形基础的钢筋分类如图 6-15 所示。

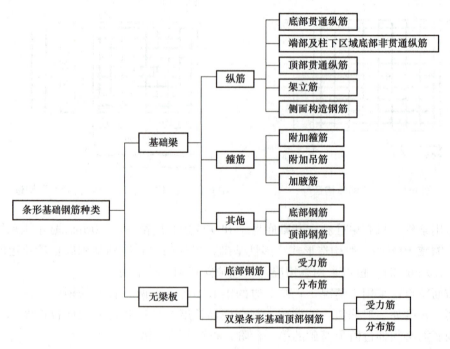

图 6-15 条形基础钢筋种类

(1)基础梁(JL)钢筋构造。

1)基础梁(JL)端部与外伸部位钢筋构造如图 6-16 所示。

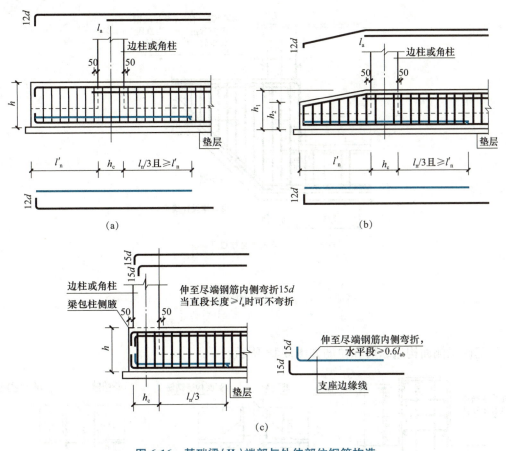

图 6-16 基础梁(JL)端部与外伸部位钢筋构造
(a)端部等截面外伸构造；(b)端部变截面外伸构造；(c)端部无外伸构造

2)基础梁(JL)梁底不平和变截面部位钢筋构造如图 6-17 所示。

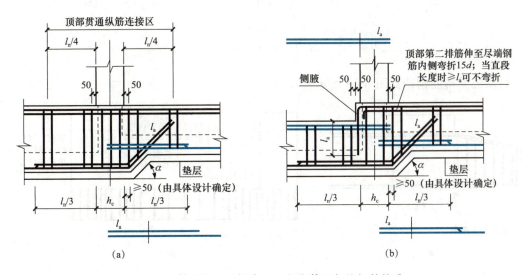

图 6-17 基础梁(JL)梁底不平和变截面部位钢筋构造
(a)梁底有高差钢筋构造；(b)梁底、梁顶均有高差钢筋构造

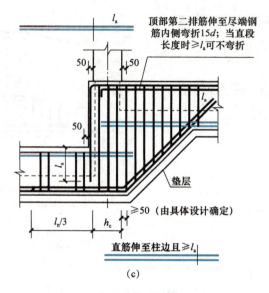

图 6-17 基础梁(JL)梁底不平和变截面部位钢筋构造(续)

(c)梁底、梁顶均有高差钢筋构造

3) 基础梁侧面构造纵筋和拉筋如图 6-18 所示。

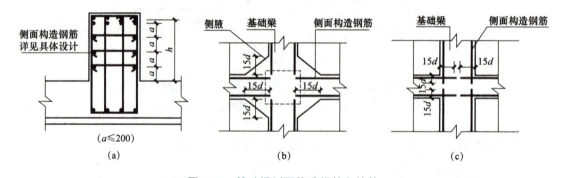

图 6-18 基础梁侧面构造纵筋和拉筋

(a)基础梁侧面构造纵筋和拉筋；(b)构造一；(c)构造二

4) 基础梁箍筋构造如图 6-19 所示。

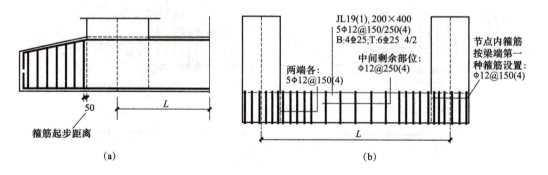

图 6-19 箍筋构造情况示意图

(a)端部基础梁箍筋；(b)节点区域箍筋

3. 梁板式筏形基础的钢筋分类

(1)梁板式筏形基础主梁(JL)钢筋构造。基础主梁的钢筋组成,包含纵向钢筋、横向钢筋以及其他钢筋,如图 6-20 所示。

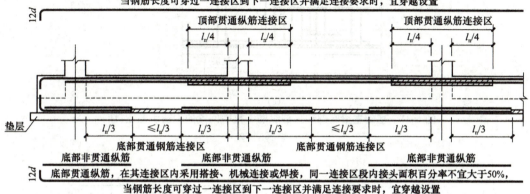

图 6-20 梁板式筏形基础主梁(JL)钢筋构造

(a)基础梁(JL)底部和顶部纵向钢筋;(b)基础梁(JL)箍筋与拉筋构造

(2)基础主梁底部和顶部纵筋与梁端部的构造,如图 6-16 所示。

(3)基础主梁底部和顶部纵筋于梁中间段的构造要点,如图 6-21 所示。

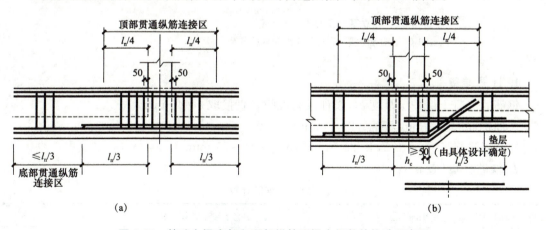

图 6-21 基础主梁底部和顶部纵筋于梁中间段的构造示意图

(a)左跨右跨无差别;(b)梁底有高差

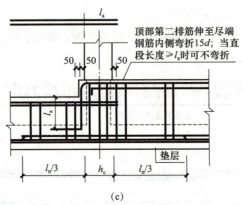

图 6-21 基础主梁底部和顶部纵筋于梁中间段的构造示意图(续)
(c)梁顶有高差

6.4 基础的钢筋计算(造价咨询方向)

【例 6-1】 矩形独立基础底筋不缩减的一般情况,如图 6-22 所示,计算基础内钢筋工程量。

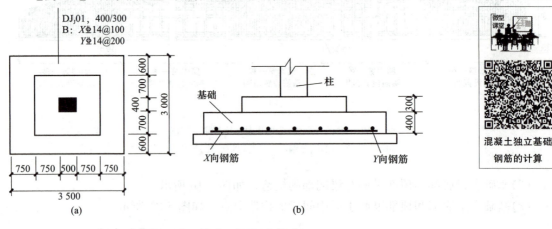

图 6-22 独立基础工程图(非缩减)
(a)DJ_J01 平法施工图;(b)DJ_J01 剖面示意图

1. 计算准备

钢筋的混凝土保护层厚度 c,设计没有说明,直接取 $c=40$ mm
X 向钢筋起步 $=\min(75, s/2)=\min(75, 50)=50$ mm
Y 向钢筋起步 $=\min(75, s/2)=\min(75, 100)=75$ mm

2. 钢筋计算(表 6-5)

表 6-5 钢筋计算

钢筋	钢筋信息	计算过程
X 向钢筋	⏀14@100	"单根"长度$=x-2c$(带肋) $=3\ 500-2\times40=3\ 420$(mm)

续表

钢筋	钢筋信息	计算过程
X 向钢筋	$\Phi14@100$	根数=$[y-2\times\min(75,s/2)]/s+1$ =$(3\,000-2\times50)/100+1=30$(根)
Y 向钢筋	$\Phi14@200$	"单根"长度=$y-2c$(带肋) =$3\,000-2\times40=2\,920$(mm) 根数=$[x-2\times\min(75,s/2)]/s+1$ =$(3\,500-2\times75)/200+1=18$(根)

3. 表格汇总(表 6-6)

表 6-6 矩形独立基础内部钢筋下料单

构件名称 DJ$_J$01							构件数量 1 根	
筋号	级别	直径	钢筋图形	单长/mm	根数	总长/m	线密度	总质量/kg
X 向钢筋	Φ	14	————	3 420	30	102.60	1.208	123.94
Y 向钢筋	Φ	14	————	2 920	18	52.56	1.208	63.50

【例 6-2】 矩形独立基础底筋非对称缩减 10% 的情况,如图 6-23 所示,计算基础内钢筋工程量。

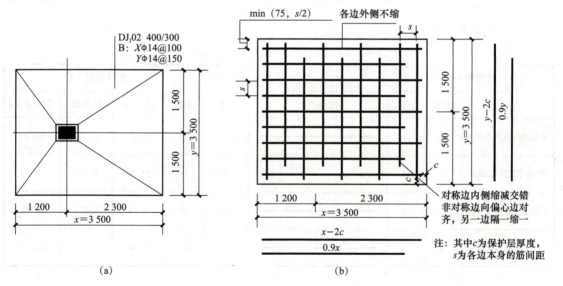

图 6-23 独立基础工程图(10% 缩减)
(a)DJ$_J$02 平法施工图;(b)DJ$_J$02 剖面示意图

1. 计算准备

钢筋的混凝土保护层厚度 c,设计没有说明,直接取 $c=40$ mm
X 向钢筋起步=$\min(75,s/2)=\min(75,50)=50$ mm
Y 向钢筋起步=$\min(75,s/2)=\min(75,100)=75$ mm

2. 钢筋计算(表 6-7)

表 6-7 矩形独立基础内部钢筋计算表

钢筋	钢筋信息	计算过程
X 向钢筋 (非对称边)	⊕14@100	"单根"不缩减的钢筋长度 = $x - 2c$(带肋) 　　　　　　　　　　 = $3\,500 - 2 \times 40 = 3\,420$(mm) 缩减的钢筋长度 = $0.9 \times x$(带肋) 　　　　　　　 = $0.9 \times 3\,500 = 3\,150$(mm)
		根数 = $[y - 2 \times \min(75, s/2)]/s + 1$ 　　 = $(3\,000 - 2 \times 50)/100 + 1 = 30$(根) 不缩减的钢筋根数 = $2 + (30 - 2)/2 = 16$(根) 缩减的钢筋根数 = $(30 - 2)/2 = 14$(根)
Y 向钢筋 (对称边)	⊕14@150	"单根"不缩减的钢筋长度 = $y - 2c$(带肋) 　　　　　　　　　　 = $3\,000 - 2 \times 40 = 2\,920$(mm) 缩减的钢筋长度 = $0.9 \times y$(带肋) 　　　　　　　 = $0.9 \times 3\,000 = 2\,700$(mm)
		根数 = $[x - 2 \times \min(75, s/2)]/s + 1$ 　　 = $(3\,500 - 2 \times 75)/150 + 1 = 24$(根) 不缩减的钢筋根数 = 2 根 缩减的钢筋根数 = 22 根

3. 表格汇总(表 6-8)

表 6-8 矩形独立基础内部钢筋工程量明细表

构件名称 DJ$_J$02						构件数量 1 根		
筋号	级别	直径	钢筋图形	单长	根数	总长/m	线密度	总质量/kg
X 向钢筋(不缩减)	⊕	14	————	3 420	16	54.72	1.208	66.10
X 向钢筋(缩减)	⊕	14	————	3 150	14	44.10	1.208	53.27
Y 向钢筋(不缩减)	⊕	14	————	2 920	2	5.84	1.208	7.05
Y 向钢筋(缩减)	⊕	14	————	2 700	22	59.40	1.208	71.76

6.5　基础的钢筋计算(施工下料方向)

【例 6-3】 如图 6-24 所示,独立基础平面图,试计算基础底板钢筋下料长度,并制作钢筋下料单。

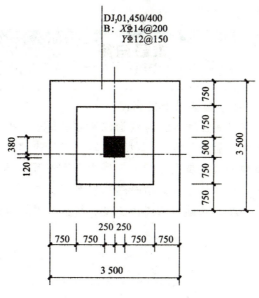

图 6-24 独立基础平面图

1. 计算准备

由于 X 向底板边长 3.5 m>2.5 m,要采用"独立基础底板配筋长度减短 10% 构造"。

X 向外侧钢筋长度 = 3 500 - 2×40 = 3 420(mm)

X 向其余钢筋长度 = 3 500×0.9 = 3 150(mm)

钢筋根数 = [3 500 - 2×min(75,200/2)]/200 + 1 = 18(根)

取 18 根,其中外侧 2 根钢筋不缩减,其余 16 根钢筋缩减 10%。

2. 钢筋下料长度计算表(表 6-9)

表 6-9 独立基础钢筋下料长度计算表

钢筋名称	编号	钢筋规格	钢筋下料长度/mm
X 向外侧钢筋	①	⊈14	3 500 - 2×40 = 3 420
X 向其余钢筋	②	⊈14	3 500×0.9 = 3 150
Y 向外侧钢筋	③	⊈12	3 500 - 2×40 = 3 420
Y 向其余钢筋	④	⊈12	3 500×0.9 = 3 150

3. 钢筋下料单(表 6-10)

表 6-10 独立基础钢筋下料单

构件名称	编号	简图	钢筋规格	下料长度/mm	合计根数	质量/kg
独立基础	⑭	3 420	⊈14	3 420	2	8.26
	⑮	3 150	⊈14	3 150	16	60.88
	⑯	3 150	⊈12	3 420	2	5.75
	⑰	3 150	⊈12	3 150	22	61.54

本章总结

通过本单元的学习，要求掌握以下内容：

1. 独立基础施工图中平面注写方式与截面注写方式所表达的内容。
2. 条形基础施工图中平面注写方式与截面注写方式所表达的内容。
3. 梁板式筏形基础和平板式筏形基础施工图中平面注写方式所表达的内容。
4. 桩基承台施工图中平面注写方式所表达的内容。
5. 各种基础内纵筋长度、基础内的锚固长度、搭接长度、箍筋长度及箍筋根数等的计算方法。

案例实训

1. 根据二维扫码附图计算DJ_J01、DJ_J02…钢筋的预算长度，并绘制钢筋工程量明细表。
2. 根据二维扫码附图计算DJ_J01、DJ_J02…钢筋的下料长度，并绘制钢筋施工下料清单。

技能应用

参 考 文 献

[1] 中华人民共和国住房和城乡建设部.16G101—1 混凝土结构施工图平面整体表示方法制图规则和构造详图(现浇混凝土框架、剪力墙、梁、板)[S].北京：中国计划出版社，2016.
[2] 中华人民共和国住房和城乡建设部.16G101—2 混凝土结构施工图平面整体表示方法制图规则和构造详图(现浇混凝土板式楼梯)[S].北京：中国计划出版社，2016.
[3] 中华人民共和国住房和城乡建设部.16G101—3 混凝土结构施工图平面整体表示方法制图规则和构造详图(独立基础、条形基础、筏形基础、桩基础)[S].北京：中国计划出版社，2016.
[4] 中华人民共和国住房和城乡建设部.12G901—1 混凝土结构施工钢筋排布规则与构造详图(现浇混凝土框架剪力墙、梁、板)[S].北京：中国计划出版社，2012.
[5] 魏丽梅，任臻.钢筋平法识图与计算[M].长沙：中南大学出版社，2016.
[6] 上官子昌.16G101 图集应用——平法钢筋算量[M].北京：中国建筑工业出版社，2017.
[7] 胡敏.平法识图与钢筋翻样[M].北京：高等教育出版社，2017.
[8] 上官子昌.16G101 图集应用——平法钢筋下料[M].北京：中国建筑工业出版社，2016.
[9] 高少霞.16G101 平法系列图集要点解读与规范对照[M].北京：中国建筑工业出版社，2017.
[10] 傅华夏.建筑三维平法结构识图教程[M].2 版.北京：北京大学出版社，2018.
[11] 陈青来.钢筋混凝土结构平法设计与施工规则[M].北京：中国建筑工业出版社，2007.